김경필의
짠테크 가계부

지은이 **김경필**

머니 트레이너

직장인들이 가장 신뢰하는 국민 경제 멘토. KBS 〈국민 영수증〉에서 프로 지출러의 정곡을 찌르는 머니 트레이너로 활동하면서 경제교육플랫폼 〈사이다경제〉, 유튜브 〈신사임당〉에서도 재테크 강의를 하고 있다. 그 외 각종 잡지 매체와 카카오뱅크, 토스뱅크, IBK기업은행 등에 칼럼을 기고한다.

월급쟁이 출신이지만 대단한 저축력과 투자 수완으로 이른 나이에 자산가로 거듭났다. 재테크의 시작은 아끼고 모으는 습관을 시스템화하는 것이라고 강조하며 복불복의 일확천금을 노리는 투자만으로는 절대 월급쟁이 부자가 될 수 없다고 주장한다.

저서로는 《김경필이 오늘은 짠테크 내일은 플렉스》 《15억 작은 부자 현주씨의 돈 관리 습관》 《이제는 똑똑한 아파트 한 채가 답이다》 《결혼은 모르겠고 돈은 모으고 싶어》 등이 있다.

이메일 lcgoodjob@naver.com 인스타그램 @gyoungphill 블로그 blog.naver.com/plannhowto
유튜브 **김경필의 하루 10분 돈 공부** https://bit.ly/3OSuEbU

김경필의 짠테크 가계부 2024

1판 1쇄 발행 2023. 11. 8.
1판 3쇄 발행 2023. 12. 28.

지은이 김경필

발행인 고세규
편집 임여진 디자인 지은혜 마케팅 백선미 홍보 이한솔
발행처 김영사
등록 1979년 5월 17일(제406-2003-036호)
주소 경기도 파주시 문발로 197(문발동) 우편번호 10881
전화 마케팅부 031)955-3100, 편집부 031)955-3200 | 팩스 031)955-3111

값은 뒤표지에 있습니다. ISBN 978-89-349-5766-9 13590

홈페이지 www.gimmyoung.com   블로그 blog.naver.com/gybook
인스타그램 instagram.com/gimmyoung 이메일 bestbook@gimmyoung.com

좋은 독자가 좋은 책을 만듭니다.
김영사는 독자 여러분의 의견에 항상 귀 기울이고 있습니다.

고치고 모으고 굳히고 불리는
1억 만들기 첫걸음

김경필의 짠테크

2024 가계부

김영사

짠테크란
돈을 가장 가치 있게 쓰는 방법이다

절약이란 돈을 안 쓰는 게 아니라 가장 가치 있게 쓰는 방법을 찾는 일이다. 특히 자신의 소비 패턴을 분석해서 어떤 부분에 문제점이 있는지, 과도한 쏠림 현상 또는 일관되지 않는 부분은 없는지 파악해보는 것이 필요하다. 이에 도움이 되고자 《김경필의 짠테크 가계부 2024》를 만들게 되었다. 가계부를 적으면서 장점은 살리고 단점은 보완해볼 수 있다.

2008년 금융위기 이후 시작된 초저금리는 이전과는 다른 소비문화를 만들어냈다. 남의 돈을 빌려서 주식투자를 하거나 과도한 빚으로 집을 사는 것이 아무렇지도 않은 일이 되었으며 심지어 돈을 빌려 소비를 하는 사회가 된 것이다. 이 비정상적인 소비가 오랜 기간 굳어져서 이제는 이런 소비문화가 오히려 정상이라고 착각하는 사람들도 많다. 그러나 최근 한국은행 보고서에 따르면 국내총생산(GDP) 대비 가계부채 비율은 2분기 말 기준 101.7%로 이미 IMF 외환위기와 금융위기 때의 수준을 넘어선 것으로 나타났다. 그만큼 가계의 빚이 늘어나고 우리 경제의 펀더멘털은 악화되었다는 증거다. 그럼에도 이전의 플렉스와 잘못된 소비문화에서 벗어나지 못한다면 미래는 없을 것이다.

직장인이 돈을 모으지 못하는 이유는 사실 단 하나의 착각 때문이다. 바로 자신의 지금 월급이 100% 자신의 돈이라고 생각하는 것이다. 직장인의 월급이란 평생 400번 정도 받으면 끝난다. 엄연히 한계가 있는 미래자원이므로 직장 연차가 쌓일수록 그에 상응하는 자산이 축적되어야만 한다. 2024년은 잘못된 소비문화를 정상으로 되돌리기 위한 노력이 절실할 때이다. 이 가계부가 그 길라잡이가 될 것이다.

김경필

짠테크 가계부 사용설명서

▶ 이달의 짠테크

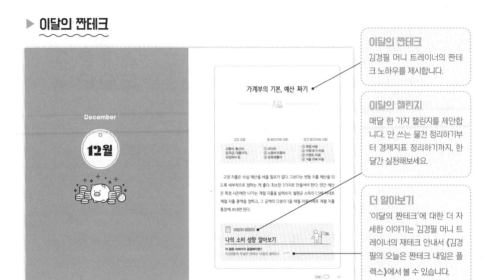

이달의 짠테크
김경필 머니 트레이너의 짠테크 노하우를 제시합니다.

이달의 챌린지
매달 한 가지 챌린지를 제안합니다. 안 쓰는 물건 정리하기부터 경제지표 정리하기까지, 한 달간 실천해보세요.

더 알아보기
'이달의 짠테크'에 대한 더 자세한 이야기는 김경필 머니 트레이너의 재테크 안내서 《김경필의 오늘은 짠테크 내일은 플렉스》에서 볼 수 있습니다.

▶ 월초 계획 세우기

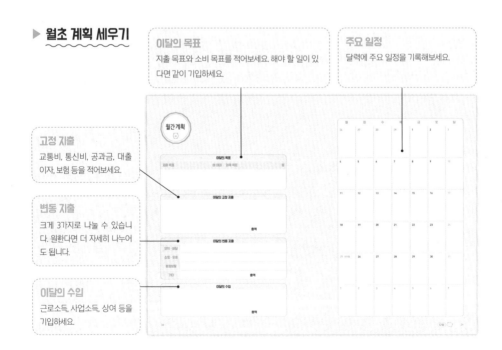

이달의 목표
지출 목표와 소비 목표를 적어보세요. 해야 할 일이 있다면 같이 기입하세요.

주요 일정
달력에 주요 일정을 기록해보세요.

고정 지출
교통비, 통신비, 공과금, 대출 이자, 보험 등을 적어보세요.

변동 지출
크게 3가지로 나눌 수 있습니다. 원한다면 더 자세히 나누어도 됩니다.

이달의 수입
근로소득, 사업소득, 상여 등을 기입하세요.

▶ 매일 가계부 쓰기

이주의 한마디
김경필 머니 트레이너의 정신이 번쩍 드는 한마디로 한 주를 시작합니다.

주간 결산
한 주가 끝날 때마다 그 주에 쓴 비용을 정산합니다.

지출 내역
상세하게 적어보세요. 변동 지출은 카테고리별로 묶어서 한 눈에 파악할 수 있습니다.

유형별 지출
신용카드, 체크카드, 현금 사용 금액을 한 번 더 체크할 수 있습니다.
무지출인 날은 스스로를 칭찬해줍시다!

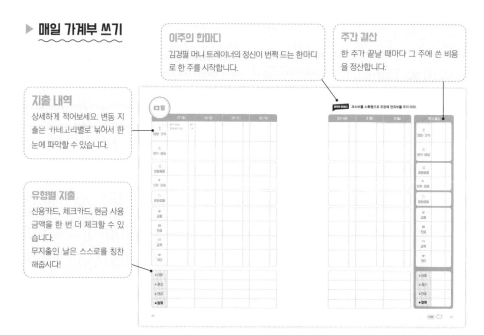

▶ 월말 결산하기

고정 지출
고정 지출 비용에 변화는 없었는지 체크해봅니다.

돌발 지출
갑작스러운 소비도 꾸준히 기록하면 패턴이 보입니다.

목표 달성
이달의 목표를 달성했는지, 목표보다 더 혹은 덜 달성했다면 왜인지 적어봅니다.

변동 지출
카테고리별로 기록합니다. 어떤 곳에서 지출이 많았나요?

저축 내역
저축 내역을 기록하면서 월초의 저축 목표와 비교해보세요.

이달의 수입
고정 수입, 돌발 수입을 기록합니다.

예산과 잔액
카테고리별 예산과 잔액 합계를 적어주세요.

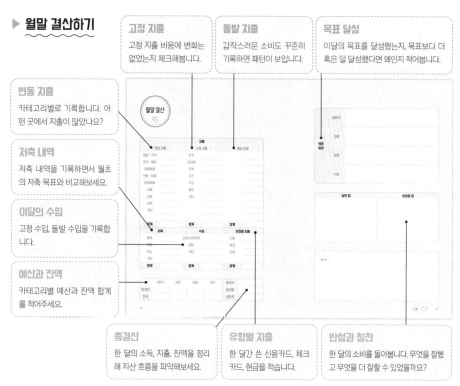

총결산
한 달의 소득, 지출, 잔액을 정리해 자산 흐름을 파악해보세요.

유형별 지출
한 달간 쓴 신용카드, 체크카드, 현금을 적습니다.

반성과 칭찬
한 달의 소비를 돌아봅니다. 무엇을 잘했고 무엇을 더 잘할 수 있었을까요?

소비 MBTI(Money Bias and Tendency Indicator)는 나의 소비 기질과 성향을 나타낸다. 소비의 옳고 그름을 판단하는 기준은 아니라는 점을 명심하자.

1 돈 관리 기질

① 통장 잔액과 최근 지출 내역을 자주 확인한다

② 큰돈 쓸 일이 생길까 봐 염려되고 기분이 좋지 않았던 적이 있다

③ 할인 행사, 할인 카드, 포인트 적립 등을 꼼꼼히 챙기면서 소비한다

④ 월수입과 지출 내용에 대해서 어느 정도 알고 있다

⑤ 어쩌다 충동구매를 하게 되면 후회한다

⑥ 소득과 저축, 소비를 자주 기록하고 정리한다

⑦ 돈 문제로 어려움을 겪는 미래를 염려한다

해당하는 것이 적을수록 ▶ 관대함, 여유, 방임 **(G)**
해당하는 것이 많을수록 ▶ 관리, 절약, 통제 **(E)**

2 소비의 일관성

① 평월 생활비는 일정한 편이다

    ※ 평월 생활비 – 여행, 경조사, 자동차 보험료 등 계절적인 지출을 제외한 평상시 생활비

② 매월 생일, 기념일 등 이벤트에 사용하는 비용이 월평균 소득의 5% 미만이다

    ※월평균 소득 – 상여, 보너스 합산 후 12개월로 나눈 소득

③ 1년 명절 비용이 월평균 소득의 50% 미만이다

    ※명절 비용 – 설과 추석 귀성 여비, 선물 등에 사용한 비용

④ 1년 여행 비용이 월평균 소득의 100% 미만이다

⑤ 여행 계획은 최소 6개월 전부터 세운다

⑥ 1년 겨울 의류 구입 비용이 월평균 소득의 50% 미만이다

⑦ 마이너스 통장 또는 장기할부를 사용해본 적이 없다

> 해당하는 것이 적을수록 ▶ 불규칙, 변화 **(I)**
> 해당하는 것이 많을수록 ▶ 일관, 안정 **(R)**

3 소비 스타일

① 나의 월평균 소득과 엥겔지수는 (1인 가구 기준으로 계산)

    ※ 엥겔지수 – 음료와 베이커리 제외 식비, 외식비, 배달비가 소득에서 차지하는 비중

    ①-1 월평균 소득 500만 원 미만, 엥겔지수는 소득의 25% 이상이다

    ①-2 월평균 소득 500만~800만 원, 엥겔지수는 소득의 20% 이상이다

    ①-3 월평균 소득 800만 원 이상, 엥겔지수는 소득의 15% 이상이다

② 매월 음주와 간식(배달 음식 제외)에 사용하는 비용이 월평균 소득의 15% 이상 이다

③ 소문난 맛집이나 유명 식당을 찾아가는 편이다

④ 운동 외 독서, 영화, 공연, 관람 등 문화생활을 즐긴다

⑤ 월 쇼핑 비용이 월 식생활비의 70% 미만이다

⑥ 생활필수품을 제외한 월 쇼핑 비용이 월평균 소득의 15% 미만이다

⑦ 월간 카드 총결제 횟수가 25회 미만이다

> **해당하는 것이 적을수록** ▶ 쇼핑, 패션 (S)
> **해당하는 것이 많을수록** ▶ 음식, 문화 (F)

4 여가 스타일

① 여가 시간에 운동을 즐긴다

② 야구, 축구, 농구 등 참여하는 구기 종목이 있다

③ 1박 이상 국내/해외 여행을 1년에 4~5회 이상 간다

④ 운동, 종교, 기타 정기적인 모임에 참여한다

⑤ 월 교통비(주유비 포함)가 월평균 소득의 10% 이상이다

> **해당하는 것이 적을수록** ▶ 평안, 휴식 (Q)
> **해당하는 것이 많을수록** ▶ 운동, 소통 (D)

유형별 소비 MBTI 진단

유형		부자 될 확률	존재할 확률
EIFD	절제가 쉽지 않아 고민 중인 활동가	20.1%	8.1%
EIFQ	변화와 도전을 꿈꾸는 차분한 관리자	21.9%	7.4%
EISD	패션과 스타일을 중시하는 외향형의 활동가	9.3%	3.4%
EISQ	절제가 쉽지 않지만 노력 중인 멋쟁이	18.1%	3.9%
ERFD	절제할 줄 아는 멋진 활동가	35.3%	12.1%
ERFQ	차분하고 엄격한 자기관리 끝판왕	38.5%	13.4%
ERSD	절제할 줄 알며 패션과 스타일을 중시하는 활동가	28.3%	6.5%
ERSQ	관리형이나 쇼핑도 즐기는 멋쟁이	30.3%	6.3%
GIFD	낭만과 감성을 아는 기분파 활동가	10.7%	8.4%
GIFQ	낭만과 감성을 아는 자유로운 영혼의 소유자	11.5%	8.6%
GISD	패션과 낭만 그리고 감성을 중시하는 외향형 활동가	8.4%	3.4%
GISQ	차분하고 조용한 자유로운 영혼의 소유자	19.3%	4.2%
GRFD	절제할 줄 아는, 만남을 즐기는 활동가	40.3%	3.9%
GRFQ	만남을 즐기지만 절제할 줄 아는 차분한 스타일	42.5%	3.4%
GRSD	자유로운 영혼의 패션과 스타일을 중시하는 활동가	23.0%	3.9%
GRSQ	자유로운 성향의, 쇼핑을 즐기는 멋쟁이	24.3%	3.1%

절제가 쉽지 않아 고민 중인 활동가
부자 될 확률 10위 | 8.1% 존재

사람들과 어울리는 것도 좋아하고 운동도 좋아하는 활동가. 소비를 절제하려는 의지가 있지만 뜻대로 되지 않는 경우가 있습니다. FD 성향의 사람은 사람 만나는 것을 즐기고 외식을 좋아하며 공동체 모임도 좋아합니다. 이런 것들로 불안정한 소비 패턴이 본인의 관리 성향과 부딪혀서 스트레스를 받기도 합니다. 하지만 상대적으로 불필요한 물건을 사들이는 일이 적은 편이고 근본적으로 돈을 아껴 쓰려는 성향이 있어서 아주 큰 문제가 되지는 않는 스타일입니다.

 장점 ▸ 절제하기 위해 노력하는 편이다
단점 ▸ 소비 염려증이 있을 수 있다

 환상의 소비 파트너 ▸ EIFD ERFD GIFD GRFD
환장의 소비 파트너 ▸ EISQ ERSQ GISQ GRSQ

 변화와 도전을 꿈꾸는 차분한 관리자
부자 될 확률 9위 | 7.4% 존재

돈에 대해서는 변화와 도전을 꿈꾸며, 사람들과 어울리는 것을 좋아하는 차분한 관리자. FQ 성향이 상대적으로 덜 활동적이고 조용하며 쇼핑을 그다지 많이 하는 편이 아닌데도 I 성향이 같이 나오는 이유는 일상생활에서 외식과 소소한 모임을 좋아하거나 외식을 즐기는 경우가 많기 때문입니다. 본인의 원래 성향은 관리형이므로 변동이 큰 소비가 종종 스트레스로 다가올 수 있습니다. 스트레스를 받는 대신 좀 더 예산을 꼼꼼하게 짜면 돈 관리를 아주 잘할 수 있는 타입입니다.

장점 ▸ 절제하면서 재테크도 열심히 잘할 수 있다
단점 ▸ 가끔 소비 염려증이 생긴다

환상의 소비 파트너 ▸ ERFQ EIFQ GIFQ GRFQ
환장의 소비 파트너 ▸ EISD ERSD GISD GRSD

 **패션과 스타일을 중시하는
외향형의 활동가**

부자 될 확률 15위 ┃ 3.4% 존재

절제하고 싶은 의지는 있지만 그보단 사람들과 어울리는 것을 좋아하고 패션과 스타일을 중시하는 외향형의 활동가. SD 성향은 활동적이면서 쇼핑을 즐기기에 자칫 과소비로 이어지는 경우가 많은데 그럼에도 스스로 관리하기 위한 노력을 이어가는 스타일입니다. 물론 이런 노력에도 돈 관리가 잘 안 되어 스트레스를 받을 수 있습니다. 하지만 아주 불필요한 물건을 많이 사들이는 편은 아니며, 사람들 사이에서 '인싸'가 되고 싶은 욕망이 강한 타입입니다.

장점 ▸ 절제하기 위해 노력하는 편이다
단점 ▸ 생각처럼 관리가 잘되지 않을 수 있다

환상의 소비 파트너 ▸ EISD ERSD GISD GRSD
환장의 소비 파트너 ▸ ERFQ EIFQ GIFQ GRFQ

EISQ 절제가 쉽지 않지만 노력 중인 멋쟁이
부자 될 확률 12위 | 3.9% 존재

소비를 절제하려는 의지가 충만한 관리형이나 가끔은 기분도 낼 줄 아는, 패션과 스타일을 중시하는 스타일. I와 S 성향이 동시에 나타나는 사람들은 가끔 충동 소비가 발생할 수 있는데 이린 것에 대한 나름의 스트레스가 클 수 있습니다. 절제하려는 의지와 그러지 못하는 현실이 부딪히면서 돈에 내한 고민이 자주 발생합니다. 지나친 돈 관리 강박은 오히려 좋은 판단을 방해하고 재테크를 어렵게 할 수 있으니 주의하는 것이 좋습니다. 충동적인 소비만 잘 통제하면 아무런 문제가 없는 타입입니다.

장점 ▸ 절제하기 위한 노력을 하는 편이다
단점 ▸ 할인의 유혹에 빠지기 쉽다

환상의 소비 파트너 ▸ EISQ ERSQ GISQ GRSQ
환장의 소비 파트너 ▸ EIFD ERFD GIFD GRFD

ERFD 절제할 줄 아는 멋진 활동가
부자 될 확률 4위 | 12.1% 존재

절제하지만 쓸 때는 쓸 줄도 아는 쿨한 스타일로, 사람들과 어울리는 것도 좋아하고 운동도 좋아하는 멋진 활동가. 활동적인 성향으로 자칫 소비가 들쑥날쑥할 수 있음에도 일정한 소비를 유지한다는 것은 좀 더 좋은 소비를 위한 고민을 꾸준히 한다는 뜻입니다. 다만 E 성향이 강한 경우 돈 관리 강박으로 재테크를 할 때 사소한 것에 집착할 수도 있기 때문에 주의해야 합니다. 활동적인 성향으로 사람들과 어울리는 것도 즐기는데, 음식이나 문화생활에 돈을 많이 쓰기보다는 쇼핑이 상대적으로 적어 F

성향이 나오는 경우가 많습니다.

장점 ▸ 절제하면서 재테크도 열심히 잘할 수 있다
단점 ▸ 열심히 모은 돈을 한번에 써버릴 수도 있다

환상의 소비 파트너 ▸ EIFD ERFD GIFD GRFD
환장의 소비 파트너 ▸ EISQ ERSQ GISQ GRSQ

ERFQ 차분하고 엄격한 자기관리 끝판왕
부자 될 확률 3위 ｜ 13.4% 존재

돈에 대해서 엄격하게 관리하는 성향이 있고 혼자 있는 시간도 꽤 좋아하는 스타일. 가계부를 꼼꼼히 작성한다든지 좀 더 좋은 소비 방법이 무엇일지 고민하는 노력파 짠테크의 대가이며 작은 정보도 허투루 생각하지 않아서 경제공부를 하는 데도 유리합니다. 이런 기질 덕분으로 불필요한 충동 소비가 적습니다. 음식이나 문화생활에 돈을 많이 쓴다기보다는 상대적으로 쇼핑을 덜 하기에 F가 나오는 편입니다. 다만 '파워 E'의 경우 돈 관리 강박이 생길 수 있는데, 재테크를 할 때 사소한 데 집착하게 될 수도 있기 때문에 주의할 필요가 있습니다.

장점 ▸ 소비 통제가 잘되고 재테크도 열심히 잘할 수 있다
단점 ▸ 사소한 집착. 너무 과한 걱정과 소비 염려증이 있을 수 있다

환상의 소비 파트너 ▸ ERFQ EIFQ GIFQ GRFQ
환장의 소비 파트너 ▸ EISD ERSD GISD GRSD

ERSD
절제할 줄 알며 패션과 스타일을 중시하는 활동가
부자 될 확률 6위 | 6.5% 존재

SD의 성향은 자칫 과소비로 이어질 수 있는 경우가 많은데 그럼에도 관리형에 일관된 소비를 한다는 것이 놀라운 스타일입니다. 하시만 파워 E의 경우 지나친 돈 관리 강박이 생길 수 있고, 이런 점이 활동적이고 쇼핑을 좋아하는 본인의 성향과 부딪혀서 스트레스를 받을 수 있습니다. 쇼핑을 상대적으로 자주 하지만 아주 불필요한 물건을 자주 사들이는 스타일은 절대 아니며 사람들과 많은 영향을 주고받는 '인싸' 욕구가 큰 스타일입니다.

장점 ▸ 절제하면서 재테크도 열심히 잘할 수 있다
단점 ▸ 열심히 모은 돈을 한 번에 써버릴 수도 있다

환상의 소비 파트너 ▸ EISD ERSD GISD GRSD
환장의 소비 파트너 ▸ ERFQ EIFQ GIFQ GRFQ

ERSQ
관리형이나 쇼핑도 즐기는 멋쟁이
부자 될 확률 5위 | 6.3% 존재

돈 관리를 곧잘 하지만 스타일도 중시하는 멋쟁이. 조용히 인터넷 쇼핑을 즐기는 타입이거나, 지나치게 음식과 문화생활의 지출이 적어 상대적으로 쇼핑이 부각되어 S 성향이 나올 수 있습니다. 자신의 소비에 대해서 어느 정도 통제력을 가진 사람이지만 파워 E의 경우 돈 관리 강박이 생길 수 있습니다. 재테크를 하는 데 지나치게 사소한 집착이 생길 수도 있기 때문에 주의할 필요가 있습니다. 상대적으로 조용한 시간

을 보내는 것을 즐기는 타입입니다.

장점 ▸ 절제하면서 재테크도 열심히 잘할 수 있다
단점 ▸ 가끔 충동 소비를 하고 후회할 수도 있다

환상의 소비 파트너 ▸ EISQ ERSQ GISQ GRSQ
환장의 소비 파트너 ▸ EIFD ERFD GIFD GRFD

GIFD 낭만과 감성을 아는 기분파 활동가
부자 될 확률 14위 ∣ 8.4% 존재

운동도 즐기고 사람들과 어울리는 것을 좋아하는 기분파의 활동가. FD 성향은 활동
적이면서 모임과 이벤트 그리고 외식 문화를 즐기는 스타일로 이 때문에 소비가 들쑥
날쑥할 수 있습니다. 운동을 좋아하고 사람들과 어울리는 것을 즐기기 때문에 여러
모임에 참여하는 스타일입니다. 다만 불규칙한 기분파 소비가 가끔 과소비를 낳을
수도 있기 때문에 주의해야 하며, 현재로는 재테크에 관심이 적은 편입니다.

장점 ▸ 마음만 잘 먹으면 소비를 줄일 수도 있다
단점 ▸ 충동적인 소비로 생활비가 펑크날 수도 있다

환상의 소비 파트너 ▸ EIFD ERFD GIFD GRFD
환장의 소비 파트너 ▸ EISQ ERSQ GISQ GRSQ

낭만과 감성을 아는 자유로운 영혼의 소유자

부자 될 확률 13위 | 8.6% 존재

사람들과 어울리는 것과 혼자 있는 시간 모두를 즐기고 낭만과 감성을 우선하는 조용하고 자유로운 영혼의 소유자. IF 성향은 싱대직으로 쇼핑보다는 외식과 문화, 배달 지출이 많으며 낭만과 감성을 중요시해서 SNS도 열심히 하는 사람이 많습니다. 기분파로 이벤트성 소비가 많아질 수 있으며 돈에 그다지 연연해하는 타입이 아닙니다. 지금보다 조금만 더 일관성 있는 소비를 위해 노력하면 큰 문제는 없을 것입니다.

 장점 ▶ 계획만 잘 세우면 재테크를 잘할 수 있다
단점 ▶ 충동적의 소비로 생활비가 펑크날 수도 있다

 환상의 소비 파트너 ▶ ERFQ EIFQ GIFQ GRFQ
환장의 소비 파트너 ▶ EISD ERSD GISD GRSD

 패션과 낭만 그리고 감성을 중시하는 외향형 활동가

부자 될 확률 16위 | 3.4% 존재

패션과 스타일, 그리고 감성을 중시하는 자유로운 영혼의 외향형 활동가. ISD 성향은 활동적이면서 쇼핑을 즐기는 스타일로 주변에서 최고의 '인싸'로 통할 수 있습니다. 고소득자 중 많은 유형으로, 만일 스스로가 고소득자가 아님에도 이런 성향이라면 하루빨리 소득을 높여야 본인의 성향과 잘 맞을 것입니다. 자칫 과소비로 이어지는 경우가 많은데 그럼에도 스스로 관리하기 위한 나름의 노력을 이어갑니다. 돈에

대해서 특별한 스트레스는 없는, 그야말로 연예인과 재벌에게서 많은 유형입니다.

 장점 ▸ 돈에 대해서 주변에 관대하다
단점 ▸ 과소비가 발생할 수도 있다

 환상의 소비 파트너 ▸ EISD ERSD GISD GRSD
환장의 소비 파트너 ▸ ERFQ EIFQ GIFQ GRFQ

 GISQ ## 차분하고 조용한 자유로운 영혼의 소유자
부자 될 확률 11위 ∣ 4.2% 존재

패션과 스타일을 중시하며 차분히 혼자 있는 시간도 즐길 줄 아는 자유로운 영혼의 소유자. IS의 성향은 자칫 쇼핑으로 인한 과소비로 이어질 수 있는 경우가 많은데 그럼에도 스스로 관리하기 위한 노력을 이어갑니다. 따라서 평소 이런 노력에도 돈 관리가 잘 안되어서 스트레스가 있을 수 있습니다. 쇼핑할 때 적절한 예산을 세우면 아주 관리가 잘될 수 있는 타입입니다.

 장점 ▸ 마음만 잘 먹으면 소비를 줄일 수도 있다
단점 ▸ 충동적의 소비로 생활비가 펑크날 수도 있다

 환상의 소비 파트너 ▸ EISQ ERSQ GISQ GRSQ
환장의 소비 파트너 ▸ EIFD ERFD GIFD GRFD

GRFD 절제할 줄 아는, 만남을 즐기는 활동가
부자 될 확률 2위 | 3.9% 존재

돈에 대해서 절제할 줄 알며 쓸 때는 쓸 줄도 아는 쿨한 스타일로 사람들을 좋아하는 적극적인 활동가. 활동적이면서 쇼핑보다는 사람들과 함께하는 모임을 즐기는 스타일로 자칫 과소비로 이어질 수 있는 경우기 많은데 그럼에도 안정적인 소비 패턴을 가지고 있으며 절제할 줄도 아는 현명한 소비 스타일의 소유자입니다. 재테크를 가장 잘할 수 있는 유형 중 하나이고 실제로 부자 될 확률이 16개 유형 중 무려 2위에 해당합니다.

 장점 ▶ 마음만 잘 먹으면 재테크를 잘할 수 있다
단점 ▶ 평소 돈 관리에 대해서 관심이 크지 않다

 환상의 소비 파트너 ▶ EIFD ERFD GIFD GRFD
환장의 소비 파트너 ▶ EISQ ERSQ GISQ GRSQ

GRFQ 만남을 즐기지만
절제할 줄 아는 차분한 스타일
부자 될 확률 1위 | 3.4% 존재

소비를 절제하면서도 쓸 때는 쓸 줄 아는 쿨한 스타일로 사람들을 좋아하며 차분합니다. 돈에 연연해하지 않지만 나름 철저하게 관리가 되며 스스로 절제할 줄 아는 차분하고 조용한, 이성적인 사람입니다. 상대적으로 불필요한 물건을 사들이지 않으며 사람들과 어울리는 것도 좋아하기 때문에 전체 16가지 유형 중 부자 될 확률이 1위인 유형입니다. 소비를 자제하지만 쓸 때는 화끈하게 쓸 줄도 알아서 주변에서 인기가

많은 편입니다.

장점 ▶ 마음만 잘 먹으면 재테크를 잘할 수 있다
단점 ▶ 평소 돈 관리에 대해서 관심이 크지 않다

환상의 소비 파트너 ▶ ERFQ EIFQ GIFQ GRFQ
환장의 소비 파트너 ▶ EISD ERSD GISD GRSD

GRSD

자유로운 영혼의
패션과 스타일을 중시하는 활동가

부자 될 확률 8위 ｜ 3.9% 존재

패션과 스타일을 중시하는 자유로운 활동가. SD 성향의 사람들은 활동적이면서 쇼핑을 즐기는 스타일로 자칫 과소비로 이어질 수 있는 경우가 많고 가끔은 충동 소비가 있지만 그럼에도 스스로 관리하기 위한 노력을 이어갑니다. 따라서 평소 이런 노력에도 돈 관리가 잘 안되어서 스트레스를 받기도 합니다. 하지만 나름대로 합리적인 소비를 추구하는 측면이 있습니다.

장점 ▶ 소비의 일관성이 있는 스타일로 노력하면 관리가 잘된다
단점 ▶ 가끔은 충동적인 소비가 일어날 수 있다

환상의 소비 파트너 ▶ EISD ERSD GISD GRSD
환장의 소비 파트너 ▶ ERFQ EIFQ GIFQ GRFQ

자유로운 성향의, 쇼핑을 즐기는 멋쟁이
부자 될 확률 7위 | 3.1% 존재

쇼핑을 즐기며 쓸 줄도 아는 기분파로 혼자 있는 시간을 즐기는 패셔너블한 멋쟁이. SQ 성향은 상대적으로 쇼핑을 즐기는 스타일로 자칫 과소비로 이어질 수 있는 경우가 많은데 그럼에도 일관된 소비 성향으로 스스로 관리가 어느 정도 됩니다. 물론 평소 이런 노력에도 돈 관리가 잘 안되는 부분으로 인해 스트레스가 있을 수 있습니다. 하지만 아주 불필요한 물건을 많이 사들이는 편은 아니며 사람들 사이에서 '인싸'가 되고 싶은 욕망이 강한 타입입니다.

 장점 ▶ 마음만 잘 먹으면 재테크를 잘할 수 있다
 단점 ▶ 가끔은 충동적인 소비가 일어날 수 있다

 환상의 소비 파트너 ▶ EISQ ERSQ GISQ GRSQ
환장의 소비 파트너 ▶ EIFD ERFD GIFD GRFD

더 많은 이야기가 궁금하다면 다음의 큐알 코드를 찍어보라.
자세한 테스트 항목은 물론 성향별 점수도 알 수 있다.

MEMO

소비 점검

영수증을 보면 나의 소비 습관이 보인다.
나는 어떤 소비를 했나? 작년 한 해를 되짚어보자.

2023년 가장 컸던 소비

- ♦
- ♦
- ♦
- ♦
- ♦
- ♦

2023년 가장 잦았던 소비

- ♦
- ♦
- ♦
- ♦
- ♦
- ♦

헉! 테러블! 2023년 가장 후회했던 소비

- ◆
- ◆
- ◆
- ◆
- ◆
- ◆
- ◆
- ◆
- ◆

원더풀! 2023년 가장 잘했던 소비

- ◆
- ◆
- ◆
- ◆
- ◆
- ◆
- ◆
- ◆
- ◆

2단계

자산 파악

나의 종잣돈을 알면 계획이 보인다.
보험, 대출, 카드 등을 한자리에 정리해보자.

저축 (예금, 적금, 펀드 등)

상품명	은행	월 납입액	만기일	기타

보험

상품명	보험사	월 납입액	만기일	기타

대출

대출	은행	월 납입 이자	원금 상환액	만기일	기타

카드

카드명	카드사	보유자	결제 계좌	결제일	기타

고정 수입 / 지출

항목	수입/지출처	수입/지출 방식	예정일	금액	기타

3단계
목표 설정

자산을 파악했다면 이제 계획 차례다.
단기 목표, 중장기 목표, 장기 목표를 세워보자.
그리고 기억하자. 가장 중요한 것은 저축이다!

한눈에 보는 저축 플랜

연도	2023	2024	2025	2026	2027
종잣돈					
저축액					
총액					
메모					

연도	2028	2029	2030	2031	2032
종잣돈					
저축액					
총액					
메모					

1년 목표

♦

♦

♦

♦

5년 목표

♦

♦

♦

♦

10년 목표

♦

♦

♦

♦

MEMO

2024 연간달력

	1월	2월	3월	4월	5월	6월
1	신정		삼일절			
2						S
3			S			
4		S				
5					S 어린이날	
6					대체공휴일	현충일
7	S			S		
8						
9						S
10		설날	S	국회의원 선거		
11		S				
12		대체공휴일			S	
13						
14	S			S		
15					부처님 오신 날	
16						S
17			S			
18		S				
19					S	
20						
21	S			S		
22						
23						S
24			S			
25		S				
26					S	
27						
28	S			S		
29						
30						S
31			S			

7월	8월	9월	10월	11월	12월	
		S			S	1
						2
			개천절	S		3
	S					4
						5
			S			6
S						7
		S			S	8
			한글날			9
				S		10
	S					11
						12
			S			13
S						14
	광복절	S			S	15
						16
		추석		S		17
	S					18
						19
			S			20
S						21
		S			S	22
						23
				S		24
	S				성탄절	25
						26
			S			27
S						20
		S			S	29
						30
						31

경조사 리스트

작년 경조사비를 참고해 예산을 짜고, '방어형'과 '어필형' 경조사비 기준을 정한다.

	날짜	목적	이름	내역	결제 수단	금액
1						
2						
3						
4						
5						
6						
7						
8						
9						
10						
11						
12						
13						
14						
15						
16						
17						
18						
19						
20						
21						
22						
23						
24						
25						
26						
27						

차계부

차는 없는 게 제일! 어쩔 수 없이 탄다면 두 배로 꼼꼼하게 관리하자.

	날짜	주행 거리	주유량	금액	리터당 단가	경비 사항	기타
1							
2							
3							
4							
5							
6							
7							
8							
9							
10							
11							
12							
13							
14							
15							
16							
17							
18							
19							
20							
21							
22							
23							
24							
25							
26							
27							

December

12월

가계부의 기본, 예산 짜기

고정 지출	월 예산(변동 지출)	연간 예산(계절 지출)
교통비, 통신비, 공과금, 대출이자, 모임회비 등	① 외식비 ② 쇼핑비·유흥비 ③ 문화생활비	① 명절 비용 ② 여행·휴가 비용 ③ 이벤트 비용 ④ 겨울 의복 비용

고정 지출은 사실 예산을 세울 필요가 없다. 그보다는 변동 지출 예산을 되도록 세부적으로 정하는 게 좋다. 최소한 3가지로 만들어야 한다. 연간 예산은 특정 시즌에만 나가는 계절 지출을 살펴보자. 월평균 소득의 1.5배 이내로 계절 지출 총액을 정하고, 그 금액의 12분의 1을 매월 자동이체로 계절 지출 통장에 보내면 된다.

▦ 이달의 챌린지

나의 소비 성향 알아보기

더 많은 이야기가 궁금하다면?
《김경필의 오늘은 짠테크 내일은 플렉스》 p.137

월간계획

이달의 목표

지출 목표 _____ 원 이내   저축 목표 _____ 원

이달의 고정 지출

총액

이달의 변동 지출

외식 · 배달	
쇼핑 · 유흥	
문화생활	
기타	총액

이달의 수입

총액

월	화	수	목	금	토	일
27	28	29	30	1	2	3
4	5	6	7	8	9	10
11	12	13	14	15	16	17
18	19	20	21	22	23	24
25 성탄절	26	27	28	29	30	31
1	2	3	4	5	6	7

12월

	27 (월)		28 (화)		29 (수)		30 (목)	
집밥·간식	빵 3,000 마트 69,700	현금 신용						
외식·배달								
생활용품								
의류·미용								
문화생활								
교통								
의료								
교육								
기타								

● 신용				
● 체크				
● 현금				
● 합계				

12/1 (금)	2 (토)	3 (일)	주간 결산	
			⑪ 집밥·간식	
			♨ 외식·배달	
			ⓒ 생활용품	
			☂ 의류·미용	
			◇ 문화생활	
			⛽ 교통	
			◻ 의료	
			▦ 교육	
			☷ 기타	
			● 신용	
			● 체크	
			● 현금	
			● 합계	

12월

	4 (월)	5 (화)	6 (수)	7 (목)
🍴 집밥·간식				
👤 외식·배달				
🧴 생활용품				
✋ 의류·미용				
🏷 문화생활				
⛽ 교통				
💊 의료				
📖 교육				
🛒 기타				
● 신용				
● 체크				
● 현금				
● 합계				

모든 소비에는 소득에 걸맞은 기준이 필요하다.

8 (금)	9 (토)	10 (일)	주간 결산		
			🍴 집밥·간식		
			🧑 외식·배달		
			🧴 생활용품		
			🧴 의류·미용		
			🏷 문화생활		
			⛽ 교통		
			🔒 의료		
			💻 교육		
			🛒 기타		
			● 신용		
			● 체크		
			● 현금		
			● 합계		

12월

	11 (월)	12 (화)	13 (수)	14 (목)
집밥·간식				
외식·배달				
생활용품				
의류·미용				
문화생활				
교통				
의료				
교육				
기타				

● 신용				
● 체크				
● 현금				
● 합계				

15 (금)	16 (토)	17 (일)	주간 결산	
			🍴 집밥·간식	
			👤 외식·배달	
			🧴 생활용품	
			🧴 의류·미용	
			🏷️ 문화생활	
			⛽ 교통	
			💼 의료	
			📚 교육	
			🛒 기타	
			● 신용	
			● 체크	
			● 현금	
			● 합계	

12월

	18 (월)	19 (화)	20 (수)	21 (목)
집밥·간식				
외식·배달				
생활용품				
의류·미용				
문화생활				
교통				
의료				
교육				
기타				
● 신용				
● 체크				
● 현금				
● 합계				

22 (금)	23 (토)	24 (일)

주간 결산	
🍴 집밥·간식	
👤 외식·배달	
🧴 생활용품	
🧴 의류·미용	
🏷️ 문화생활	
⛽ 교통	
💊 의료	
📚 교육	
🛒 기타	
● 신용	
● 체크	
● 현금	
● 합계	

12월

	25 (월)	26 (화)	27 (수)	28 (목)
집밥·간식				
외식·배달				
생활용품				
의류·미용				
문화생활				
교통				
의료				
교육				
기타				
● 신용				
● 체크				
● 현금				
● 합계				

나의 돈 모으기를 방해하는 유일한 사람은 나 자신이다.

29 (금)	30 (토)	31 (일)	주간 결산
			집밥 · 간식
			외식 · 배달
			생활용품
			의류 · 미용
			문화생활
			교통
			의료
			교육
			기타
			● 신용
			● 체크
			● 현금
			● 합계

월말 결산

지출		
변동 지출	**고정 지출**	**돌발 지출**
집밥 · 간식	주거	
외식 · 배달	관리비	
생활용품	전기	
의류 · 미용	가스	
문화생활	수도	
교통	통신	
의료	기타	
교육		
기타		
합계	**합계**	**합계**
저축	**수입**	**유형별 지출**
예금	근로/사업소득	신용
적금	상여	체크
펀드	기타	현금
기타		
합계	**합계**	**합계**

	(외)식	쇼핑	문화	기타	총소득	
월 예산					총지출	
잔액					총잔액	

목표 달성	챌린지	
	지출	
	저축	
	수입	

잘한 점	반성할 점

MEMO

January

1월

재테크란 무엇인가

① 재테크는 상대가치다

우리 집이 5,000만 원 오를 때 길 건너 아파트는 1억 원이 올랐다면 우리 집은 결과적으로 5,000만 원 떨어진 셈이다.

② 재테크는 반드시 기회비용을 지불해야 한다

반드시 무엇을 포기하고 무엇을 선택할지에 대한 고민이 필요하다.

③ 재테크는 미래의 현금 흐름을 만드는 것이다

재테크의 목적은 자산을 만들고, 그 자산을 키우고, 근로소득이 없어지더라도 그 자산을 통해 미래의 현금 흐름을 계속 발생시키는 것이다.

④ 재테크는 사람들의 관심사가 어디를 향하는지 알아야 가능하다

사람들이 관심을 가지고 좋아하는 대상이야말로 곧 돈이 되기 때문이다.

🖩 **이달의 챌린지**

안 쓰는 물건 정리하기

더 많은 이야기가 궁금하다면?
《김경필의 오늘은 짠테크 내일은 플렉스》 p.224

월간계획

이달의 목표

지출 목표   원 이내   저축 목표   원

이달의 고정 지출

총액

이달의 변동 지출

외식 · 배달

쇼핑 · 유흥

문화생활

기타   총액

이달의 수입

총액

월	화	수	목	금	토	일
1 신정	2	3	4	5	6	7
8	9	10	11	12	13	14
15	16	17	18	19	20	21
22	23	24	25	26	27	28
29	30	31	1	2	3	4
5	6	7	8	9	10	11

1월

	1 (월)	2 (화)	3 (수)	4 (목)
집밥·간식				
외식·배달				
생활용품				
의류·미용				
문화생활				
교통				
의료				
교육				
기타				
● 신용				
● 체크				
● 현금				
● 합계				

5 (금)	6 (토)	7 (일)	주간 결산	
			🍴 집밥·간식	
			🧍 외식·배달	
			🧴 생활용품	
			💈 의류·미용	
			🏷 문화생활	
			⛽ 교통	
			💼 의료	
			🖥 교육	
			🛒 기타	
			● 신용	
			● 체크	
			● 현금	
			● 합계	

1월

	8 (월)	9 (화)	10 (수)	11 (목)
ⅲ 집밥·간식				
🛍 외식·배달				
🍱 생활용품				
💧 의류·미용				
🏷 문화생활				
⛽ 교통				
🧰 의료				
📖 교육				
🛒 기타				

● 신용			
● 체크			
● 현금			
● 합계			

저축에도 품격이 있다. 목돈을 손에 쥐는 묵직한 저축을 해보자.

12 (금)		13 (토)		14 (일)	

주간 결산	
집밥·간식	
외식·배달	
생활용품	
의류·미용	
문화생활	
교통	
의료	
교육	
기타	
● 신용	
● 체크	
● 현금	
● 합계	

	15 (월)		16 (화)		17 (수)		18 (목)	
집밥·간식								
외식·배달								
생활용품								
의류·미용								
문화생활								
교통								
의료								
교육								
기타								

● 신용				
● 체크				
● 현금				
● 합계				

소비 예산 쪼개기는 복잡해 보이지만 편리하고 효과적이다.

19 (금)	20 (토)	21 (일)	주간 결산	
			🍴 집밥·간식	
			🧍 외식·배달	
			🛍 생활용품	
			🧴 의류·미용	
			🏷 문화생활	
			⛽ 교통	
			💊 의료	
			📚 교육	
			🛒 기타	
			● 신용	
			● 체크	
			● 인남	
			● 합계	

1월

	22 (월)	23 (화)	24 (수)	25 (목)
⑪ 집밥·간식				
🧍 외식·배달				
🍎 생활용품				
💧 의류·미용				
🏷 문화생활				
⛽ 교통				
💼 의료				
📖 교육				
🛒 기타				

● 신용			
● 체크			
● 현금			
● 합계			

이주의 한마디 부자란 근로소득보다 자본소득을 거두는 사람을 말한다.

26 (금)	27 (토)	28 (일)

주간 결산	
집밥 · 간식	
외식 · 배달	
생활용품	
의류 · 미용	
문화생활	
교통	
의료	
교육	
기타	
● 신용	
● 체크	
● 현금	
● 합계	

1월

	29 (월)		30 (화)		31 (수)		2/1 (목)	
∭ 집밥·간식								
☕ 외식·배달								
🧴 생활용품								
💧 의류·미용								
🏷 문화생활								
⛽ 교통								
🧰 의료								
📖 교육								
🛒 기타								

● 신용			
● 체크			
● 현금			
● 합계			

바짝 돈을 모아야 할 사람이 오히려 돈을 허투루 쓴다.

2 (금)	3 (토)	4 (일)

주간 결산

항목	금액
집밥·간식	
외식·배달	
생활용품	
의류·미용	
문화생활	
교통	
의료	
교육	
기타	
● 신용	
● 체크	
● 현금	
● 합계	

월말 결산

지출

변동 지출		고정 지출		돌발 지출	
집밥 · 간식		주거			
외식 · 배달		관리비			
생활용품		전기			
의류 · 미용		가스			
문화생활		수도			
교통		통신			
의료		기타			
교육					
기타					
합계		**합계**		**합계**	

저축		수입		유형별 지출	
예금		근로/사업소득		신용	
적금		상여		체크	
펀드		기타		현금	
기타					
합계		**합계**		**합계**	

	(외)식	쇼핑	문화	기타	총소득	
월 예산					총지출	
잔액					총잔액	

목표 달성	챌린지	
	지출	
	저축	
	수입	

잘한 점	반성할 점

MEMO

February

2월

부자가 되고 싶다면 1억 원부터 모아라

비행기가 일정 높이까지 오르면 쉽게 비행할 수 있는 것처럼, 일정 수준의 목돈을 마련하면 그 전보다 훨씬 수월하게 돈을 불려나갈 기회가 생긴다. 이렇게 근로소득에서 자본소득을 향하는 첫 번째 허들이 바로 '1억 원'이다.

직장 생활 5년, 아무리 늦어도 7년 안에는 1억 원을 손에 쥐어야 한다. 여기서 말하는 1억 원이란 당장 투자할 수 있는, 인출 가능한 금액을 뜻한다. 모은 돈 전부를 전세 자금으로 썼거나 부모님에게 빌려드렸을 경우는 종잣돈이 있다고 할 수 없다.

결혼 계획이 있다면, 내 집을 마련하려 한다면, 새로운 사업소득을 만들고 싶다면 종잣돈 1억 원은 필수다.

📟 **이달의 챌린지**

신용 카드 하나 줄이기

더 많은 이야기가 궁금하다면?
《김경필의 오늘은 짠테크 내일은 플렉스》 p.110

월간계획

이달의 목표

지출 목표   원 이내   저축 목표   원

이달의 고정 지출

총액

이달의 변동 지출

외식 · 배달	
쇼핑 · 유흥	
문화생활	
기타	총액

이달의 수입

총액

월	화	수	목	금	토	일
29	30	31	1	2	3	4
5	6	7	8	9	10 설날	11
12 대체공휴일	13	14	15	16	17	18
19	20	21	22	23	24	25
26	27	28	29	1	2	3
4	5	6	7	8	9	10

2월

	29 (월)	30 (화)	31 (수)	2/1 (목)
🍴 집밥·간식				
👤 외식·배달				
🍯 생활용품				
💅 의류·미용				
🏷️ 문화생활				
⛽ 교통				
💊 의료				
📖 교육				
🛒 기타				

● 신용				
● 체크				
● 현금				
● 합계				

2 (금)	3 (토)	4 (일)	주간 결산	
			집밥·간식	
			외식·배달	
			생활용품	
			의류·미용	
			문화생활	
			교통	
			의료	
			교육	
			기타	
			● 신용	
			● 체크	
			● 현금	
			● 합계	

	5 (월)		6 (화)		7 (수)		8 (목)	
집밥·간식								
외식·배달								
생활용품								
의류·미용								
문화생활								
교통								
의료								
교육								
기타								

● 신용				
● 체크				
● 현금				
● 합계				

3개월 치 월급보다 많은 금액이라야 목돈이라 할 수 있다.

9 (금)		10 (토)		11 (일)		주간 결산	
						🍴 집밥·간식	
						🏃 외식·배달	
						🥚 생활용품	
						🧴 의류·미용	
						🏷 문화생활	
						⛽ 교통	
						💊 의료	
						📺 교육	
						🛒 기타	
						● 신용	
						● 체크	
						● 현금	
						● 합계	

2월

	12 (월)	13 (화)	14 (수)	15 (목)
집밥·간식				
외식·배달				
생활용품				
의류·미용				
문화생활				
교통				
의료				
교육				
기타				
● 신용				
● 체크				
● 현금				
● 합계				

16 (금)	17 (토)	18 (일)	주간 결산		
			🍴 집밥·간식		
			🧍 외식·배달		
			🧴 생활용품		
			🧵 의류·미용		
			🏷 문화생활		
			⛽ 교통		
			💊 의료		
			💻 교육		
			🛒 기타		
			● 신용		
			● 체크		
			● 연금		
			● 합계		

2월

	19 (월)		20 (화)		21 (수)		22 (목)	
집밥·간식								
외식·배달								
생활용품								
의류·미용								
문화생활								
교통								
의료								
교육								
기타								

● 신용				
● 체크				
● 현금				
● 합계				

명심하라. 월급은 유한하다.

23 (금)	24 (토)	25 (일)	주간 결산	
			🍴 집밥·간식	
			🧍 외식·배달	
			🛒 생활용품	
			💧 의류·미용	
			🏷️ 문화생활	
			⛽ 교통	
			🧰 의료	
			📖 교육	
			🛒 기타	
			● 신용	
			● 체크	
			● 현금	
			● 합계	

2월

	26 (월)	27 (화)	28 (수)	29 (목)
||| 집밥·간식				
외식·배달				
생활용품				
의류·미용				
문화생활				
교통				
의료				
교육				
기타				

● 신용				
● 체크				
● 현금				
● 합계				

오래 걸릴지라도 내 집 마련을 최종 목표로 삼아야 한다.

3/1 (금)	2 (토)	3 (일)	주간 결산	
			🍴 집밥·간식	
			👤 외식·배달	
			🛒 생활용품	
			👗 의류·미용	
			🏷️ 문화생활	
			🚌 교통	
			💊 의료	
			📖 교육	
			🛒 기타	
			● 신용	
			● 체크	
			● 현금	
			● 합계	

월말 결산

지출		
변동 지출	**고정 지출**	**돌발 지출**
집밥·간식	주거	
외식·배달	관리비	
생활용품	전기	
의류·미용	가스	
문화생활	수도	
교통	통신	
의료	기타	
교육		
기타		
합계	**합계**	**합계**
저축	**수입**	**유형별 지출**
예금	근로/사업소득	신용
적금	상여	체크
펀드	기타	현금
기타		
합계	**합계**	**합계**

	(외)식	쇼핑	문화	기타		
					총소득	
월 예산					총지출	
잔액					총잔액	

목표 달성	챌린지	
	지출	
	저축	
	수입	

잘한 점	반성할 점

MEMO

March

3월

우리 집 최적의 식비 찾기

팬데믹 동안 급격히 늘어난 엥겔지수(생계비에서 식비가 차지하는 비율)로 인해 주머니 사정은 물론 건강에도 빨간 불이 들어온 사람들이 여전히 많다.

적정 엥겔지수는 소득이 높을수록 낮아진다. 하지만 1인 가구의 경우, 소득이 아무리 낮더라도 월 50만 원 미만으로 식비를 사용하기가 쉽지 않다. 상황을 감안해 소득에 따라 적절한 엥겔지수를 넘기지 않도록 노력해야 한다.

월 소득	1인 가구	2인 가구	3인 가구
350만 원 미만	20%	25%	30%
350만~700만 원	15%	20%	25%
700만 원 이상	10%	15%	20%

 이달의 챌린지

(사 먹는) 커피 없는 하루 보내기

더 많은 이야기가 궁금하다면?
《김경필의 오늘은 짠테크 내일은 플렉스》 p.54

월간계획

이달의 목표

지출 목표   원 이내   저축 목표   원

이달의 고정 지출

총액

이달의 변동 지출

외식 · 배달	
쇼핑 · 유흥	
문화생활	
기타	총액

이달의 수입

총액

월	화	수	목	금	토	일
26	27	28	29	1 삼일절	2	3
4	5	6	7	8	9	10
11	12	13	14	15	16	17
18	19	20	21	22	23	24
25	26	27	28	29	30	31
1	2	3	4	5	6	7

3월

	26 (월)		27 (화)		28 (수)		29 (목)	
🍴 집밥·간식								
🧍 외식·배달								
🛒 생활용품								
💧 의류·미용								
🏷 문화생활								
⛽ 교통								
💊 의료								
📖 교육								
🛒 기타								

● 신용			
● 체크			
● 현금			
● 합계			

이주의 한마디 커피는 월 소득 3% 이내, 테이크아웃은 월 5잔 이내로!

3/1 (금)	2 (토)	3 (일)

주간 결산	
집밥·간식	
외식·배달	
생활용품	
의류·미용	
문화생활	
교통	
의료	
교육	
기타	
● 신용	
● 체크	
● 현금	
● 합계	

3월

	4 (월)		5 (화)		6 (수)		7 (목)	
🍴 집밥·간식								
👤 외식·배달								
🍎 생활용품								
💧 의류·미용								
🏷 문화생활								
⛽ 교통								
🏥 의료								
📖 교육								
🛒 기타								

● 신용			
● 체크			
● 현금			
● 합계			

이주의 한마디 약속 중 가장 깨지기 쉬운 것이 자기 자신과의 약속이다.

8 (금)	9 (토)	10 (일)	주간 결산		
			集 집밥·간식		
			♨ 외식·배달		
			🧴 생활용품		
			💧 의류·미용		
			🏷 문화생활		
			⛽ 교통		
			💼 의료		
			🖥 교육		
			🛒 기타		
			● 신용		
			● 체크		
			● 현금		
			● 합계		

3월 91

3월

	11 (월)	12 (화)	13 (수)	14 (목)
집밥·간식				
외식·배달				
생활용품				
의류·미용				
문화생활				
교통				
의료				
교육				
기타				

● 신용			
● 체크			
● 현금			
● 합계			

15 (금)	16 (토)	17 (일)	주간 결산	
			집밥·간식	
			외식·배달	
			생활용품	
			의류·미용	
			문화생활	
			교통	
			의료	
			교육	
			기타	
			● 신용	
			● 체크	
			● 현금	
			● 합계	

3월

	18 (월)	19 (화)	20 (수)	21 (목)
집밥·간식				
외식·배달				
생활용품				
의류·미용				
문화생활				
교통				
의료				
교육				
기타				

● 신용			
● 체크			
● 현금			
● 합계			

이주의 한마디 미래에 행복해지고자 하는 사람이 재테크를 한다.

22 (금)	23 (토)	24 (일)	주간 결산	
			집밥·간식	
			외식·배달	
			생활용품	
			의류·미용	
			문화생활	
			교통	
			의료	
			교육	
			기타	
			● 신용	
			● 체크	
			● 현금	
			● 합계	

3월

	25 (월)		26 (화)		27 (수)		28 (목)	
🍴 집밥·간식								
🧴 외식·배달								
🛍 생활용품								
🧴 의류·미용								
🏷 문화생활								
⛽ 교통								
🧰 의료								
📖 교육								
🛒 기타								

● 신용				
● 체크				
● 현금				
● 합계				

월급은 미래의 내가 지금의 나에게 맡긴 공급이다.

29 (금)	30 (토)	31 (일)	주간 결산	
			〰〰〰 집밥·간식	
			🖐 외식·배달	
			🧴 생활용품	
			🧥 의류·미용	
			🏷 문화생활	
			⛽ 교통	
			🧰 의료	
			📖 교육	
			🛒 기타	
			● 신용	
			● 체크	
			● 현금	
			● 합계	

월말 결산

지출					
변동 지출		**고정 지출**		**돌발 지출**	
집밥 · 간식		주거			
외식 · 배달		관리비			
생활용품		전기			
의류 · 미용		가스			
문화생활		수도			
교통		통신			
의료		기타			
교육					
기타					
합계		**합계**		**합계**	
저축		**수입**		**유형별 지출**	
예금		근로/사업소득		신용	
적금		상여		체크	
펀드		기타		현금	
기타					
합계		**합계**		**합계**	

	(외)식	쇼핑	문화	기타	총소득	
월 예산					총지출	
잔액					총잔액	

목표 달성	챌린지	
	지출	
	저축	
	수입	

잘한 점	반성할 점

MEMO

April

4월

소비를 줄일 수 없다면, 결제 3심제도

우리나라에는 3심제도란 것이 있다. 더 공정한 재판을 위해 3번에 걸쳐 심사하는 것이다. 결제를 하기 전에도 이처럼 3번 정도 생각해보면 어떨까?

1심 : 필요한 것인가?

'있으면 좋은 것'이 아니라 '없으면 안 되는 것'이 바로 필요한 것이다.

2심 : 예산은 있는가?

외식, 쇼핑, 오락 항목 중 해당 예산에 여유가 없다면 결제해서는 안 된다.

3심 : 대체재는 없는가?

1심과 2심을 모두 통과했더라도 인터넷 쇼핑의 경우 최소한 반나절 정도는 장바구니에 두고 대체재가 없는지 생각해보라.

 이달의 챌린지

장바구니 비우기

더 많은 이야기가 궁금하다면?
《김경필의 오늘은 짠테크 내일은 플렉스》 p.69

월간계획

이달의 목표

지출 목표   원 이내   저축 목표   원

이달의 고정 지출

총액

이달의 변동 지출

외식 · 배달	
쇼핑 · 유흥	
문화생활	
기타	총액

이달의 수입

총액

월	화	수	목	금	토	일
1	2	3	4	5	6	7
8	9	10 국회위원 선거	11	12	13	14
15	16	17	18	19	20	21
22	23	24	25	26	27	28
29	30	1	2	3	4	5
6	7	8	9	10	11	12

4월

	1 (월)	2 (화)	3 (수)	4 (목)
집밥·간식				
외식·배달				
생활용품				
의류·미용				
문화생활				
교통				
의료				
교육				
기타				

● 신용			
● 체크			
● 현금			
● 합계			

이주의 한마디 비상하려면 최소한의 자본을 만들어야 한다.

5 (금)	6 (토)	7 (일)	주간 결산	
			집밥·간식	
			외식·배달	
			생활용품	
			의류·미용	
			문화생활	
			교통	
			의료	
			교육	
			기타	
			● 신용	
			● 체크	
			● 현금	
			● 합계	

4월

	8 (월)	9 (화)	10 (수)	11 (목)
⫼ 집밥·간식				
🧍 외식·배달				
🎨 생활용품				
🐦 의류·미용				
🏷 문화생활				
⛽ 교통				
🩹 의료				
📖 교육				
🛒 기타				

● 신용				
● 체크				
● 현금				
● 합계				

남의 시선을 지나치게 의식하면 잘못된 소비 습관이 생긴다.

12 (금)		13 (토)		14 (일)		주간 결산	
						🍴 집밥·간식	
						🧑‍🍳 외식·배달	
						🧴 생활용품	
						💅 의류·미용	
						🏷️ 문화생활	
						⛽ 교통	
						🧰 의료	
						🛏️ 교육	
						🛒 기타	
						● 신용	
						● 체크	
						● 현금	
						● 합계	

4월

	15 (월)	16 (화)	17 (수)	18 (목)
집밥·간식				
외식·배달				
생활용품				
의류·미용				
문화생활				
교통				
의료				
교육				
기타				

● 신용				
● 체크				
● 현금				
● 합계				

이주의 한마디 중고 거래도 중독된다.

19 (금)		20 (토)		21 (일)		주간 결산	
						집밥·간식	
						외식·배달	
						생활용품	
						의류·미용	
						문화생활	
						교통	
						의료	
						교육	
						기타	
						● 신용	
						● 체크	
						● 현금	
						● 합계	

	22 (월)	23 (화)	24 (수)	25 (목)
집밥·간식				
외식·배달				
생활용품				
의류·미용				
문화생활				
교통				
의료				
교육				
기타				

● 신용			
● 체크			
● 현금			
● 합계			

월급만 모아서는 부자가 될 수 없지만, 시작은 역시 모으기부터다.

26 (금)	27 (토)	28 (일)	주간 결산		
			집밥·간식		
			외식·배달		
			생활용품		
			의류·미용		
			문화생활		
			교통		
			의료		
			교육		
			기타		
			● 신용		
			● 체크		
			● 현금		
			● 합계		

4월

	29 (월)	30 (화)	5/1 (수)	2 (목)
⫴ 집밥·간식				
외식·배달				
생활용품				
의류·미용				
문화생활				
교통				
의료				
교육				
기타				

● 신용				
● 체크				
● 현금				
● 합계				

3 (금)	4 (토)	5 (일)	주간 결산		
			🍴 집밥·간식		
			🧑 외식·배달		
			📷 생활용품		
			🔔 의류·미용		
			🏷 문화생활		
			⛽ 교통		
			🧰 의료		
			📖 교육		
			🛒 기타		
			● 신용		
			● 체크		
			● 현금		
			● 합계		

월말 결산

지출			
변동 지출	**고정 지출**		**돌발 지출**
집밥 · 간식	주거		
외식 · 배달	관리비		
생활용품	전기		
의류 · 미용	가스		
문화생활	수도		
교통	통신		
의료	기타		
교육			
기타			
합계	**합계**		**합계**

저축	수입	유형별 지출
예금	근로/사업소득	신용
적금	상여	체크
펀드	기타	현금
기타		
합계	**합계**	**합계**

	(외)식	쇼핑	문화	기타		
					총소득	
월 예산					총지출	
잔액					총잔액	

목표 달성	챌린지	
	지출	
	저축	
	수입	

잘한 점	반성할 점

MEMO

May

5월

자동차, 꼭 필요한가?

우리나라 사람들은 보통 자기 소득수준보다 3단계 높은 차를 탄다. 그런데 차를 사면 차량 가격을 지불한 것으로 소비가 끝나지도 않는다. '3료 6비 12금'이 남아 있다. 3료는 보험료·통행료·과태료, 6비는 주유비·주차비·수리비·세차비·대리비·발레파킹비, 12금은 취득세·등록세·부가가치세·개별소비세·주행세·지방교육세 등이다. 연쇄 소비가 끝도 없이 일어나는 것이다.

굳이 차를 사야 한다면? 내 집이 있는 사람은 월 소득의 7개월 치, 내 집이 없는 사람은 월 소득 4개월 치 정도의 차를 구입해야 한다. 그래야 유지비가 월 소득의 5~7% 이내로 유지된다. 명심할 점! 아직 월급 300만 원 이하인 경우 꼭 B·M·W를 실천해야만 한다. Bus·Metro·Walk, 즉 버스와 지하철을 타거나 걸어 다녀야 한다는 뜻이다.

 이달의 챌린지

차 대신 B·M·W

더 많은 이야기가 궁금하다면?
《김경필의 오늘은 짠테크 내일은 플렉스》 p.27

월간계획

이달의 목표

지출 목표   원 이내   저축 목표   원

이달의 고정 지출

총액

이달의 변동 지출

외식 · 배달	
쇼핑 · 유흥	
문화생활	
기타	총액

이달의 수입

총액

월	화	수	목	금	토	일
29	30	1	2	3	4	5 어린이날
6 대체공휴일	7	8	9	10	11	12
13	14	15 부처님오신날	16	17	18	19
20	21	22	23	24	25	26
27	28	29	30	31	1	2
3	4	5	6	7	8	9

	29 (월)		30 (화)		5/1 (수)		2 (목)	
집밥·간식								
외식·배달								
생활용품								
의류·미용								
문화생활								
교통								
의료								
교육								
기타								

	29 (월)	30 (화)	5/1 (수)	2 (목)
● 신용				
● 체크				
● 현금				
● 합계				

3 (금)	4 (토)	5 (일)	주간 결산	
			🍴 집밥·간식	
			🧍 외식·배달	
			🛒 생활용품	
			🧴 의류·미용	
			🏷 문화생활	
			⛽ 교통	
			💊 의료	
			📖 교육	
			🛒 기타	
			● 신용	
			● 체크	
			● 현금	
			● 합계	

5월

	6 (월)	7 (화)	8 (수)	9 (목)
집밥·간식				
외식·배달				
생활용품				
의류·미용				
문화생활				
교통				
의료				
교육				
기타				

● 신용			
● 체크			
● 현금			
● 합계			

이주의 한마디 제발 당신의 미래를 우연에 맡기지 마라.

10 (금)	11 (토)	12 (일)	주간 결산	
			🍴 집밥·간식	
			🐷 외식·배달	
			🛍 생활용품	
			🧴 의류·미용	
			🏷 문화생활	
			⛽ 교통	
			🧰 의료	
			📦 교육	
			🛒 기타	
			● 신용	
			● 체크	
			● 현금	
			● 합계	

5월 🐷 123

5월

	13 (월)	14 (화)	15 (수)	16 (목)
🍴 집밥·간식				
🧑 외식·배달				
🧴 생활용품				
💅 의류·미용				
🏷️ 문화생활				
⛽ 교통				
💊 의료				
📺 교육				
🛒 기타				

● 신용			
● 체크			
● 현금			
● 합계			

이주의 한마디 6천만 원짜리 차를 샀다면 1억 2천만 원을 소비한 셈이다.

17 (금)		18 (토)		19 (일)		주간 결산	
						집밥·간식	
						외식·배달	
						생활용품	
						의류·미용	
						문화생활	
						교통	
						의료	
						교육	
						기타	
						● 신용	
						● 체크	
						● 현금	
						● 합계	

5월

	20 (월)	21 (화)	22 (수)	23 (목)
집밥 · 간식				
외식 · 배달				
생활용품				
의류 · 미용				
문화생활				
교통				
의료				
교육				
기타				

● 신용				
● 체크				
● 현금				
● 합계				

이주의 한마디 주식시장에 오래 머물면 질 때가 훨씬 많다.

24 (금)	25 (토)	26 (일)

주간 결산	
집밥·간식	
외식·배달	
생활용품	
의류·미용	
문화생활	
교통	
의료	
교육	
기타	
● 신용	
● 체크	
● 현금	
● 합계	

5월 127

	27 (월)		28 (화)		29 (수)		30 (목)	
🍴 집밥·간식								
👤 외식·배달								
🧴 생활용품								
💧 의류·미용								
🏷 문화생활								
⛽ 교통								
💊 의료								
📚 교육								
🛒 기타								
● 신용								
● 체크								
● 현금								
● 합계								

31 (금)	6/1 (토)	2 (일)	주간 결산		
			🍴 집밥·간식		
			🛍 외식·배달		
			🧴 생활용품		
			🧴 의류·미용		
			🏷 문화생활		
			🚍 교통		
			🏥 의료		
			📟 교육		
			🛒 기타		
			● 신용		
			● 체크		
			● 현금		
			● 합계		

월말 결산

지출					
변동 지출		**고정 지출**		**돌발 지출**	
집밥 · 간식		주거			
외식 · 배달		관리비			
생활용품		전기			
의류 · 미용		가스			
문화생활		수도			
교통		통신			
의료		기타			
교육					
기타					
합계		**합계**		**합계**	

저축		수입		유형별 지출	
예금		근로/사업소득		신용	
적금		상여		체크	
펀드		기타		현금	
기타					
합계		**합계**		**합계**	

	(외)식	쇼핑	문화	기타	총소득	
월 예산					총지출	
잔액					총잔액	

목표 달성	챌린지	
	지출	
	저축	
	수입	

잘한 점	반성할 점

MEMO

June

6월

처음 돈을 모은다면? 절대 모험하지 마라

코로나19 팬데믹 이후 일어난 개인 투자 붐은 단시간 내에 주가를 놀랄 만큼 상승시켰다. 하지만 '높은 수익률을 기록했다'라는 사실이 실제로 수익을 거두었다는 의미는 아니다. 정확히 상승 구간에만 투자해서 수익을 현금화하기는 불가능하기 때문이다. 10년 이상 장기 투자도 말처럼 쉬운 일이 아니다. 설사 그것을 실천에 옮겼다 해도 내 집 마련을 포기하는 등 그 기회비용은 만만치 않았을 것이다.

사실 주식 투자와 정기적금을 단순 비교하는 것은 의미가 없다. 상황에 따라 다르기 때문이다. 다만 아직 수중에 최소한의 목돈조차 없다면 변동성 큰 주식에 큰 비중으로 투자하는 일은 바람직하지 않다.

 이달의 챌린지

무지출 데이 보내기

더 많은 이야기가 궁금하다면?
《김경필의 오늘은 짠테크 내일은 플렉스》 p.100

월간계획

이달의 목표

지출 목표   원 이내   저축 목표   원

이달의 고정 지출

총액

이달의 변동 지출

외식 · 배달	
쇼핑 · 유흥	
문화생활	
기타	총액

이달의 수입

총액

월	화	수	목	금	토	일
27	28	29	30	31	1	2
3	4	5	6 현충일	7	8	9
10	11	12	13	14	15	16
17	18	19	20	21	22	23
24	25	26	27	28	29	30
1	2	3	4	5	6	7

6월

	27 (월)		28 (화)		29 (수)		30 (목)	
🍴 집밥·간식								
🧍 외식·배달								
🛒 생활용품								
💧 의류·미용								
🏷 문화생활								
⛽ 교통								
💊 의료								
💻 교육								
🛒 기타								

	27 (월)	28 (화)	29 (수)	30 (목)
● 신용				
● 체크				
● 현금				
● 합계				

31 (금)	6/1 (토)	2 (일)	주간 결산		
			집밥·간식		
			외식·배달		
			생활용품		
			의류·미용		
			문화생활		
			교통		
			의료		
			교육		
			기타		
			● 신용		
			● 체크		
			● 현금		
			● 합계		

6월

	3 (월)		4 (화)		5 (수)		6 (목)	
᭾ 집밥·간식								
᭾ 외식·배달								
᭾ 생활용품								
᭾ 의류·미용								
᭾ 문화생활								
᭾ 교통								
᭾ 의료								
᭾ 교육								
᭾ 기타								

● 신용			
● 체크			
● 현금			
● 합계			

"많이 떨어졌으니 지금 들어가야 할 때"라는 말 하지 마라.

7 (금)	8 (토)	9 (일)	주간 결산	
			🍴 집밥·간식	
			🧍 외식·배달	
			🛒 생활용품	
			💄 의류·미용	
			🏷 문화생활	
			⛽ 교통	
			💊 의료	
			📖 교육	
			🛒 기타	
			● 신용	
			● 체크	
			● 현금	
			● 합계	

6월

	10 (월)	11 (화)	12 (수)	13 (목)
집밥 · 간식				
외식 · 배달				
생활용품				
의류 · 미용				
문화생활				
교통				
의료				
교육				
기타				

● 신용				
● 체크				
● 현금				
● 합계				

투자가 정기적금의 50%를 넘어선 안 된다.

14 (금)	15 (토)	16 (일)	주간 결산	
			집밥·간식	
			외식·배달	
			생활용품	
			의류·미용	
			문화생활	
			교통	
			의료	
			교육	
			기타	
			● 신용	
			● 체크	
			● 현금	
			● 합계	

6월

	17 (월)	18 (화)	19 (수)	20 (목)
집밥·간식				
외식·배달				
생활용품				
의류·미용				
문화생활				
교통				
의료				
교육				
기타				
● 신용				
● 체크				
● 현금				
● 합계				

모든 재테크의 실패 원인 첫 번째는 목표가 없다는 것이다.

21 (금)	22 (토)	23 (일)	주간 결산	
			🍴 집밥 · 간식	
			👤 외식 · 배달	
			🐷 생활용품	
			💧 의류 · 미용	
			🏷 문화생활	
			🚗 교통	
			🧰 의료	
			📖 교육	
			🛒 기타	
			● 신용	
			● 체크	
			● 현금	
			● 합계	

6월

	24 (월)		25 (화)		26 (수)		27 (목)	
🍴 집밥·간식								
👤 외식·배달								
🛍 생활용품								
💧 의류·미용								
🏷 문화생활								
⛽ 교통								
🧰 의료								
📖 교육								
🛒 기타								
● 신용								
● 체크								
● 현금								
● 합계								

28 (금)	29 (토)	30 (일)

주간 결산	
🍴 집밥·간식	
👤 외식·배달	
🛒 생활용품	
💧 의류·미용	
🏷️ 문화생활	
⛽ 교통	
💊 의료	
📖 교육	
🛒 기타	
● 신용	
● 체크	
● 현금	
● 합계	

월말결산

지출					
변동 지출		**고정 지출**		**돌발 지출**	
집밥 · 간식		주거			
외식 · 배달		관리비			
생활용품		전기			
의류 · 미용		가스			
문화생활		수도			
교통		통신			
의료		기타			
교육					
기타					
합계		**합계**		**합계**	
저축		**수입**		**유형별 지출**	
예금		근로/사업소득		신용	
적금		상여		체크	
펀드		기타		현금	
기타					
합계		**합계**		**합계**	

	(외)식	쇼핑	문화	기타	총소득	
월 예산					총지출	
잔액					총잔액	

목표 달성	챌린지	
	지출	
	저축	
	수입	

잘한 점	반성할 점

MEMO

July

7월

묻지도 따지지도 않고 60% 저축하기

많은 사회초년생이 어떤 방식으로 저축하면 좋을지 궁금해한다. 실제로 저축을 해보면 금방 알 수 있다. 목돈을 모으려면 공격적으로 모아야 한다. ① 미혼 ② 자본 1억 원 이하 ③ 월급 250만 원 이상이라면 반드시 월급의 60%는 저축해야 한다. 등산을 하는 것처럼 처음에는 무척 힘들다. 그렇지만 등산을 하면서 숨이 턱 끝까지 차오르는 고통을 느껴본 적이 있다면 정상에서 느끼는 성취감 또한 잘 알 것이다.

한편, 돈을 모을 때는 저축과 소비를 구분해야 한다. 저축은 미래에 자산이 되는 한편, 소비는 미래 소비로 가는 것이다. 저축 납입액을 단박에 끌어올리되, 미래에 결혼·전세·주택 자금을 만드는 자산이 될 수 있도록 해야 한다.

 이달의 챌린지

경제지표 기록하기

더 많은 이야기가 궁금하다면?
《김경필의 오늘은 짠테크 내일은 플렉스》 p.125

월간계획

이달의 목표		
지출 목표	원 이내 저축 목표	원

이달의 고정 지출

총액

이달의 변동 지출

외식 · 배달	
쇼핑 · 유흥	
문화생활	
기타	총액

이달의 수입

총액

월	화	수	목	금	토	일
1	2	3	4	5	6	7
8	9	10	11	12	13	14
15	16	17	18	19	20	21
22	23	24	25	26	27	28
29	30	31	1	2	3	4
5	6	7	8	9	10	11

	1 (월)	2 (화)	3 (수)	4 (목)
집밥·간식				
외식·배달				
생활용품				
의류·미용				
문화생활				
교통				
의료				
교육				
기타				

● 신용			
● 체크			
● 현금			
● 합계			

5 (금)	6 (토)	7 (일)	주간 결산		
			🍴 집밥·간식		
			🧍 외식·배달		
			🛒 생활용품		
			💧 의류·미용		
			🏷 문화생활		
			⛽ 교통		
			🧰 의료		
			📟 교육		
			🛒 기타		
			● 신용		
			● 체크		
			● 현금		
			● 합계		

7월

	8 (월)		9 (화)		10 (수)		11 (목)	
🍴 집밥·간식								
👤 외식·배달								
🛍 생활용품								
💧 의류·미용								
🏷 문화생활								
⛽ 교통								
💊 의료								
📖 교육								
🛒 기타								

● 신용				
● 체크				
● 현금				
● 합계				

이주의 한마디 부가 늘어난다는 것은 구매력이 늘어난다는 뜻이다.

12 (금)	13 (토)	14 (일)	주간 결산		
			🍴 집밥·간식		
			🧍 외식·배달		
			🧴 생활용품		
			💧 의류·미용		
			🏷 문화생활		
			⛽ 교통		
			🧰 의료		
			📖 교육		
			🛒 기타		
			● 신용		
			● 체크		
			● 현금		
			● 합계		

7월

	15 (월)	16 (화)	17 (수)	18 (목)
집밥·간식				
외식·배달				
생활용품				
의류·미용				
문화생활				
교통				
의료				
교육				
기타				

● 신용			
● 체크			
● 현금			
● 합계			

이주의 한마디 월급 300만 원 받으며 차를 사는 것은 망하는 지름길이다.

19 (금)	20 (토)	21 (일)	주간 결산	
			🍴 집밥·간식	
			🧑 외식·배달	
			☕ 생활용품	
			🔥 의류·미용	
			🏷 문화생활	
			⛽ 교통	
			💊 의료	
			📖 교육	
			🛒 기타	
			● 신용	
			● 체크	
			● 현금	
			● 합계	

7월 157

7월

	22 (월)	23 (화)	24 (수)	25 (목)
집밥·간식				
외식·배달				
생활용품				
의류·미용				
문화생활				
교통				
의료				
교육				
기타				

● 신용			
● 체크			
● 현금			
● 합계			

자산이 되지 않는 모든 돈은 그냥 소비다.

26 (금)	27 (토)	28 (일)	주간 결산	
			〜〜〜 집밥·간식	
			👤 외식·배달	
			🍳 생활용품	
			💧 의류·미용	
			🏷 문화생활	
			⛽ 교통	
			📷 의료	
			💳 교육	
			🛒 기타	
			● 신용	
			● 체크	
			● 현금	
			● 합계	

7월

	29 (월)		30 (화)		31 (수)		8/1 (목)	
집밥·간식								
외식·배달								
생활용품								
의류·미용								
문화생활								
교통								
의료								
교육								
기타								

● 신용				
● 체크				
● 현금				
● 합계				

2 (금)	3 (토)	4 (일)	주간 결산	
			집밥·간식	
			외식·배달	
			생활용품	
			의류·미용	
			문화생활	
			교통	
			의료	
			교육	
			기타	
			● 신용	
			● 체크	
			● 현금	
			● 합계	

월말결산

지출					
변동 지출		**고정 지출**		**돌발 지출**	
집밥 · 간식		주거			
외식 · 배달		관리비			
생활용품		전기			
의류 · 미용		가스			
문화생활		수도			
교통		통신			
의료		기타			
교육					
기타					
합계		**합계**		**합계**	
저축		**수입**		**유형별 지출**	
예금		근로/사업소득		신용	
적금		상여		체크	
펀드		기타		현금	
기타					
합계		**합계**		**합계**	

	(외)식	쇼핑	문화	기타	총소득	
월 예산					총지출	
잔액					총잔액	

목표 달성	챌린지	
	지출	
	저축	
	수입	

잘한 점	반성할 점

MEMO

August

8월

누울 자리 없애는 필승 저축 습관

① 마이너스 통장과 월급 통장을 분리하라

누울 자리를 뺏어야 발을 뻗는 나쁜 버릇이 사라질 것이다. 당장 새로운 통장을 발급받아서 월급 통장으로 사용하고 마이너스 통장에는 손을 대지 말자.

② 상환 계획을 수립해 송금 자동이체를 걸어라

지금 당장 마이너스 청산 계획을 수립하자. 만일 1,550만 원의 마이너스를 3년 안에 완전히 청산하고 싶다면 43만 원을 자동이체로 신청하라.

③ 월급 받은 다음 날 월급 통장의 잔고를 0으로 만들어라

월급이 들어오면 모을 돈(각종 저축)은 자동이체로 빠져나가게 하고 이번 달에 쓸 돈은 소비 통장에, 나중에 쓸 돈은 계절 지출 통장에 바로 송금한다.

🖩 **이달의 챌린지**

통장 잔고 '0' 만들기

더 많은 이야기가 궁금하다면?
《김경필의 오늘은 짠테크 내일은 플렉스》 p.61

월간계획

이달의 목표

지출 목표   원 이내   저축 목표   원

이달의 고정 지출

총액

이달의 변동 지출

외식 · 배달	
쇼핑 · 유흥	
문화생활	
기타	총액

이달의 수입

총액

월	화	수	목	금	토	일
29	30	31	1	2	3	4
5	6	7	8	9	10	11
12	13	14	15 광복절	16	17	18
19	20	21	22	23	24	25
26	27	28	29	30	31	1
2	3	4	5	6	7	8

8월

	29 (월)	30 (화)	31 (수)	8/1 (목)
🍴 집밥·간식				
🧎 외식·배달				
🧴 생활용품				
🎨 의류·미용				
🏷️ 문화생활				
⛽ 교통				
💊 의료				
📚 교육				
🛒 기타				

● 신용				
● 체크				
● 현금				
● 합계				

자산이 무엇인지도 모르면서 자산을 늘릴 생각 하지 마라.

2 (금)		3 (토)		4 (일)	

주간 결산	
🍴 집밥·간식	
🧍 외식·배달	
🧴 생활용품	
👜 의류·미용	
🏷️ 문화생활	
⛽ 교통	
🧰 의료	
📖 교육	
🛒 기타	
● 신용	
● 체크	
● 현금	
● 합계	

8월

	5 (월)	6 (화)	7 (수)	8 (목)
🍴 집밥·간식				
👤 외식·배달				
🧴 생활용품				
💧 의류·미용				
🏷 문화생활				
⛽ 교통				
💊 의료				
💻 교육				
🛒 기타				

● 신용			
● 체크			
● 현금			
● 합계			

9 (금)	10 (토)	11 (일)	주간 결산		
			⟨집밥·간식 아이콘⟩ 집밥·간식		
			⟨외식·배달 아이콘⟩ 외식·배달		
			⟨생활용품 아이콘⟩ 생활용품		
			⟨의류·미용 아이콘⟩ 의류·미용		
			⟨문화생활 아이콘⟩ 문화생활		
			⟨교통 아이콘⟩ 교통		
			⟨의료 아이콘⟩ 의료		
			⟨교육 아이콘⟩ 교육		
			⟨기타 아이콘⟩ 기타		
			● 신용		
			● 체크		
			● 현금		
			● 합계		

8월

	12 (월)	13 (화)	14 (수)	15 (목)
집밥·간식				
외식·배달				
생활용품				
의류·미용				
문화생활				
교통				
의료				
교육				
기타				

● 신용				
● 체크				
● 현금				
● 합계				

자본소득을 위한 첫 번째 허들은 1억 원이다.

16 (금)	17 (토)	18 (일)	주간 결산		
			🍴 집밥·간식		
			🧑 외식·배달		
			🛒 생활용품		
			🔔 의류·미용		
			🏷 문화생활		
			⛽ 교통		
			🧰 의료		
			📖 교육		
			🛒 기타		
			● 신용		
			● 체크		
			● 현금		
			● 합계		

8월

	19 (월)		20 (화)		21 (수)		22 (목)	
🍴 집밥·간식								
👤 외식·배달								
🛒 생활용품								
🔊 의류·미용								
🏷 문화생활								
⛽ 교통								
🧰 의료								
💻 교육								
🛒 기타								

	19 (월)	20 (화)	21 (수)	22 (목)
● 신용				
● 체크				
● 현금				
● 합계				

계절 지출은 연봉의 8~10%로 책정하라.

23 (금)	24 (토)	25 (일)	주간 결산	
			집밥 · 간식	
			외식 · 배달	
			생활용품	
			의류 · 미용	
			문화생활	
			교통	
			의료	
			교육	
			기타	
			● 신용	
			● 체크	
			● 현금	
			● 합계	

8월

	26 (월)	27 (화)	28 (수)	29 (목)
집밥·간식				
외식·배달				
생활용품				
의류·미용				
문화생활				
교통				
의료				
교육				
기타				
● 신용				
● 체크				
● 현금				
● 합계				

이주의 한마디 저축에서는 처음부터 전력 질주해보는 것이 좋다.

30 (금)	31 (토)	9/1 (일)	주간 결산	
			🍴 집밥·간식	
			🧑 외식·배달	
			🛍 생활용품	
			💅 의류·미용	
			🏷 문화생활	
			🚌 교통	
			💼 의료	
			📖 교육	
			🛒 기타	
			● 신용	
			● 체크	
			● 현금	
			● 합계	

월말 결산

지출		
변동 지출	고정 지출	돌발 지출
집밥 · 간식	주거	
외식 · 배달	관리비	
생활용품	전기	
의류 · 미용	가스	
문화생활	수도	
교통	통신	
의료	기타	
교육		
기타		
합계	합계	합계
저축	수입	유형별 지출
예금	근로/사업소득	신용
적금	상여	체크
펀드	기타	현금
기타		
합계	합계	합계

	(외)식	쇼핑	문화	기타	총소득	
월 예산					총지출	
잔액					총잔액	

목표 달성	챌린지	
	지출	
	저축	
	수입	

잘한 점	반성할 점

MEMO

September

9월

아파트가 든든한 3가지 이유

① 주택의 가격 하방 경직성

특히 1주택자의 경우 아파트는 투자 대상이기 이전에 주거 공간 그 자체다. 따라서 웬만한 하락 요인이 아니라면 가격이 떨어지기가 어렵다.

② 사람들이 선호하는 공간과 환경의 희소성

대한민국은 인구에 비해 국토가 좁은 나라다. 사람들이 선호하는 공간과 환경은 포화 상태이며, 당분간 희소성을 지닐 수밖에 없다.

③ 마땅치 않은 안전자산

우리나라 원화는 안전자산이 아니다. 그렇기에 경제성장률이 급격히 떨어진 2015년 이후 자금이 아파트라는 유일한 안전자산으로 숨어들었다.

 이달의 챌린지

투자 가능 금액 파악하기

더 많은 이야기가 궁금하다면?
《김경필의 오늘은 짠테크 내일은 플렉스》 p.164

※ 투자 가능 금액: 자신의 돈 + 자신이 빌릴 수 있는(동원할 수 있는) 돈

월간계획

이달의 목표

지출 목표   원 이내   저축 목표   원

이달의 고정 지출

총액

이달의 변동 지출

외식 · 배달	
쇼핑 · 유흥	
문화생활	
기타	총액

이달의 수입

총액

월	화	수	목	금	토	일
26	27	28	29	30	31	1
2	3	4	5	6	7	8
9	10	11	12	13	14	15
16	17 추석	18	19	20	21	22
23	24	25	26	27	28	29
30	1	2	3	4	5	6

9월

	26 (월)		27 (화)		28 (수)		29 (목)	
⑪ 집밥·간식								
⑫ 외식·배달								
⑬ 생활용품								
⑭ 의류·미용								
⑮ 문화생활								
⑯ 교통								
⑰ 의료								
⑱ 교육								
⑲ 기타								

● 신용			
● 체크			
● 현금			
● 합계			

뉴스의 경제 전망에만 의지해 투자를 결정하지 마라.

30 (금)	31 (토)	9/1 (일)

주간 결산

집밥·간식	
외식·배달	
생활용품	
의류·미용	
문화생활	
교통	
의료	
교육	
기타	
● 신용	
● 체크	
● 현금	
● 합계	

9월

	2 (월)	3 (화)	4 (수)	5 (목)
🍴 집밥·간식				
🧑 외식·배달				
🧴 생활용품				
🧷 의류·미용				
🏷 문화생활				
⛽ 교통				
💊 의료				
📖 교육				
🛒 기타				

● 신용			
● 체크			
● 현금			
● 합계			

6 (금)	7 (토)	8 (일)	주간 결산	
			🍴 집밥·간식	
			🤏 외식·배달	
			🧴 생활용품	
			💧 의류·미용	
			🏷️ 문화생활	
			⛽ 교통	
			💊 의료	
			📺 교육	
			🛒 기타	
			● 신용	
			● 체크	
			● 현금	
			● 합계	

9월

	9 (월)		10 (화)		11 (수)		12 (목)	
집밥·간식								
외식·배달								
생활용품								
의류·미용								
문화생활								
교통								
의료								
교육								
기타								

● 신용				
● 체크				
● 현금				
● 합계				

노후에 중요한 것은 어떤 경제 활동을 할지 준비하는 것이다.

13 (금)	14 (토)	15 (일)	주간 결산	
			🍴 집밥·간식	
			🐷 외식·배달	
			🛒 생활용품	
			💧 의류·미용	
			🏷 문화생활	
			🚊 교통	
			🧰 의료	
			📖 교육	
			🛒 기타	
			● 신용	
			● 체크	
			● 현금	
			● 합계	

9월

	16 (월)	17 (화)	18 (수)	19 (목)
집밥·간식				
외식·배달				
생활용품				
의류·미용				
문화생활				
교통				
의료				
교육				
기타				

● 신용				
● 체크				
● 현금				
● 합계				

내 집 마련은 돈을 잃지 않기 위한 첫 번째 장치다.

20 (금)	21 (토)	22 (일)	주간 결산		
			집밥·간식		
			외식·배달		
			생활용품		
			의류·미용		
			문화생활		
			교통		
			의료		
			교육		
			기타		
			● 신용		
			● 체크		
			● 현금		
			● 합계		

9월

	23 (월)		24 (화)		25 (수)		26 (목)	
🍴 집밥·간식								
🙇 외식·배달								
🛒 생활용품								
🧴 의류·미용								
🏷 문화생활								
⛽ 교통								
💊 의료								
📖 교육								
🛒 기타								

● 신용					
● 체크					
● 현금					
● 합계					

27 (금)	28 (토)	29 (일)	주간 결산		
			🍴 집밥·간식		
			🫙 외식·배달		
			🧴 생활용품		
			💅 의류·미용		
			🏷 문화생활		
			⛽ 교통		
			🧰 의료		
			📖 교육		
			🛒 기타		
			● 신용		
			● 체크		
			● 현금		
			● 합계		

9월

	30 (월)	10/1 (화)	2 (수)	3 (목)
🍴 집밥·간식				
🧍 외식·배달				
🍳 생활용품				
💧 의류·미용				
🏷️ 문화생활				
🚇 교통				
💊 의료				
📖 교육				
🛒 기타				

● 신용			
● 체크			
● 현금			
● 합계			

4 (금)	5 (토)	6 (일)	주간 결산	
			🍴 집밥 · 간식	
			🧎 외식 · 배달	
			🧴 생활용품	
			💅 의류 · 미용	
			🏷️ 문화생활	
			⛽ 교통	
			🧰 의료	
			📖 교육	
			🛒 기타	
			● 신용	
			● 체크	
			● 현금	
			● 합계	

월말 결산

지출					
변동 지출		**고정 지출**		**돌발 지출**	
집밥 · 간식		주거			
외식 · 배달		관리비			
생활용품		전기			
의류 · 미용		가스			
문화생활		수도			
교통		통신			
의료		기타			
교육					
기타					
합계		**합계**		**합계**	
저축		**수입**		**유형별 지출**	
예금		근로/사업소득		신용	
적금		상여		체크	
펀드		기타		현금	
기타					
합계		**합계**		**합계**	

	(외)식	쇼핑	문화	기타	총소득	
월 예산					총지출	
잔액					총잔액	

목표 달성	챌린지	
	지출	
	저축	
	수입	

잘한 점	반성할 점

MEMO

October

10월

아파트 가격이 궁금하다면 통화량을 보라

아파트 가격에 장기적으로 영향을 주는 것은 단기적 수요·공급보다는 통화량이다. 통화량이란 한 나라의 경제에서 현재 유통되는 화폐의 총량을 말하는 것으로, 경제학자 밀턴 프리드먼은 자산 가격이 상승하는 데 가장 큰 영향을 미치는 요인은 통화량 증가라고 언급했다. 대한민국 아파트 시장에서 나타나고 있는 상황이다. 상식적으로 생각해봐도 통화량 2,000조 원 시대의 아파트 가격과 통화량 4,000조 원 시대의 아파트 가격은 다를 수밖에 없다.

물론 통화량 증가가 곧 집값 상승이라는 등식이 성립하는 것은 아니지만, 그만큼 주택 가격을 끌어올릴 수 있는 요인으로 당분간 작동할 것만은 분명하다.

🖩 **이달의 챌린지**

밥 안 사 먹는 모임 만들기

더 많은 이야기가 궁금하다면?
《김경필의 오늘은 짠테크 내일은 플렉스》 p.170

월간계획

이달의 목표

지출 목표   원 이내   저축 목표   원

이달의 고정 지출

총액

이달의 변동 지출

외식 · 배달	
쇼핑 · 유흥	
문화생활	
기타	총액

이달의 수입

총액

월	화	수	목	금	토	일
30	1	2	3 개천절	4	5	6
7	8	9 한글날	10	11	12	13
14	15	16	17	18	19	20
21	22	23	24	25	26	27
28	29	30	31	1	2	3
4	5	6	7	8	9	10

10월

	30 (월)	10/1 (화)	2 (수)	3 (목)
집밥·간식				
외식·배달				
생활용품				
의류·미용				
문화생활				
교통				
의료				
교육				
기타				
● 신용				
● 체크				
● 현금				
● 합계				

이 세상에 눈먼 돈은 없다.

4 (금)	5 (토)	6 (일)	주간 결산	
			∭ 집밥·간식	
			👤 외식·배달	
			🛒 생활용품	
			💧 의류·미용	
			🏷 문화생활	
			⛽ 교통	
			🔒 의료	
			📖 교육	
			🛒 기타	
			● 신용	
			● 체크	
			● 현금	
			● 합계	

10월

	7 (월)	8 (화)	9 (수)	10 (목)
␣ 집밥·간식				
␣ 외식·배달				
␣ 생활용품				
␣ 의류·미용				
␣ 문화생활				
␣ 교통				
␣ 의료				
␣ 교육				
␣ 기타				
●신용				
●체크				
●현금				
●합계				

이주의 한마디 내일의 플렉스를 위해 오늘의 플렉스를 잠시 내려놓자.

11 (금)	12 (토)	13 (일)

주간 결산

🍴 집밥·간식		
🐷 외식·배달		
🧴 생활용품		
💧 의류·미용		
🏷️ 문화생활		
⛽ 교통		
🔒 의료		
📟 교육		
🛒 기타		
● 신용		
● 체크		
● 현금		
● 합계		

10월

	14 (월)	15 (화)	16 (수)	17 (목)
집밥·간식				
외식·배달				
생활용품				
의류·미용				
문화생활				
교통				
의료				
교육				
기타				

● 신용				
● 체크				
● 현금				
● 합계				

청약통장에 10만 원만 납입하면서 내 집 마련이 목표라고?

18 (금)	19 (토)	20 (일)

주간 결산

집밥·간식		
외식·배달		
생활용품		
의류·미용		
문화생활		
교통		
의료		
교육		
기타		
● 신용		
● 체크		
● 현금		
● 합계		

10월

	21 (월)	22 (화)	23 (수)	24 (목)
⦀ 집밥·간식				
♟ 외식·배달				
🖼 생활용품				
💄 의류·미용				
🔖 문화생활				
⛽ 교통				
🧰 의료				
📖 교육				
🛒 기타				

● 신용				
● 제크				
● 현금				
● 합계				

여행은 소비 종합 세트다.

25 (금)	26 (토)	27 (일)	주간 결산	
			🍴 집밥 · 간식	
			🧍 외식 · 배달	
			👜 생활용품	
			👗 의류 · 미용	
			🏷 문화생활	
			⛽ 교통	
			💼 의료	
			💻 교육	
			🛒 기타	
			● 신용	
			● 체크	
			● 현금	
			● 합계	

10월

	28 (월)	29 (화)	30 (수)	31 (목)
⑪ 집밥·간식				
⑪ 외식·배달				
⑪ 생활용품				
⑪ 의류·미용				
⑪ 문화생활				
⑪ 교통				
⑪ 의료				
⑪ 교육				
⑪ 기타				

● 신용			
● 체크			
● 현금			
● 합계			

11/1 (금)	2 (토)	3 (일)	주간 결산	
			🍴 집밥·간식	
			👤 외식·배달	
			🧴 생활용품	
			👗 의류·미용	
			🏷 문화생활	
			🚌 교통	
			💊 의료	
			📺 교육	
			🛒 기타	
			● 신용	
			● 체크	
			● 현금	
			● 합계	

월말 결산

지출					
변동 지출		**고정 지출**		**돌발 지출**	
집밥 · 간식		주거			
외식 · 배달		관리비			
생활용품		전기			
의류 · 미용		가스			
문화생활		수도			
교통		통신			
의료		기타			
교육					
기타					
합계		**합계**		**합계**	

저축		수입		유형별 지출	
예금		근로/사업소득		신용	
적금		상여		체크	
펀드		기타		현금	
기타					
합계		**합계**		**합계**	

	(외)식	쇼핑	문화	기타	총소득	
월 예산					총지출	
잔액					총잔액	

목표 달성	챌린지	
	지출	
	저축	
	수입	

잘한 점	반성할 점

MEMO

November

11월

당신이 잘못 알고 있는 재테크 상식 6가지

① 주식에 장기 투자하면 반드시 오른다? ④ 무조건 빚부터 갚아야 한다?

② 좋은 종목은 반드시 상승한다? ⑤ 노후 자금 10억이 있다면 은퇴 가능?

③ 공부가 부족해서 투자에 실패한다? ⑥ 노후에는 임대 소득이 최고다?

코스피 주요 종목 10개의 10년 장기 투자 결과를 살펴보면 의외로 오른 종목은 4개뿐이다. 주식은 제때 사고 파는 것이 더 중요하다. 하지만 공부가 미래의 성공을 보장하지는 않는다는 사실을 명심해야 한다. 빚에도 좋은 빚이 있고, 노후에는 생각보다 더 많고 다양한 '소득'이 필요하다. 만일 내가 잘못 알고 있던 상식이 있다면 다시 한번 점검해보자.

이달의 챌린지

비상금 통장 만들기

더 많은 이야기가 궁금하다면?
《김경필의 오늘은 짠테크 내일은 플렉스》 p.301

월간 계획

이달의 목표

지출 목표   원 이내   저축 목표   원

이달의 고정 지출

총액

이달의 변동 지출

외식 · 배달	
쇼핑 · 유흥	
문화생활	
기타	총액

이달의 수입

총액

월	화	수	목	금	토	일
28	29	30	31	1	2	3
4	5	6	7	8	9	10
11	12	13	14	15	16	17
18	19	20	21	22	23	24
25	26	27	28	29	30	1
2	3	4	5	6	7	8

11월

	28 (월)	29 (화)	30 (수)	31 (목)
집밥·간식				
외식·배달				
생활용품				
의류·미용				
문화생활				
교통				
의료				
교육				
기타				
● 신용				
● 체크				
● 현금				
● 합계				

이주의 한마디 타는 차를 보면 그 사람의 허세 지수를 알 수 있을 뿐이다.

11/1 (금)	2 (토)	3 (일)

주간 결산	
〰️ 집밥·간식	
👤 외식·배달	
🧴 생활용품	
👜 의류·미용	
🏷️ 문화생활	
⛽ 교통	
🔒 의료	
💳 교육	
🛒 기타	
● 신용	
● 체크	
● 현금	
● 합계	

	4 (월)	5 (화)	6 (수)	7 (목)
집밥·간식				
외식·배달				
생활용품				
의류·미용				
문화생활				
교통				
의료				
교육				
기타				

● 신용			
● 체크			
● 현금			
● 합계			

늘 위험과 수익의 교환 관계를 기억하라.

8 (금)	9 (토)	10 (일)	주간 결산	
			🍴 집밥·간식	
			👤 외식·배달	
			🥚 생활용품	
			💧 의류·미용	
			🏷 문화생활	
			⛽ 교통	
			💼 의료	
			📖 교육	
			🛒 기타	
			● 신용	
			● 체크	
			● 현금	
			● 합계	

	11 (월)	12 (화)	13 (수)	14 (목)
집밥·간식				
외식·배달				
생활용품				
의류·미용				
문화생활				
교통				
의료				
교육				
기타				

● 신용				
● 체크				
● 현금				
● 합계				

기억하라. 수년간의 상승장도 있지만 수년간의 하락장도 있다.

15 (금)	16 (토)	17 (일)	주간 결산	
			집밥·간식	
			외식·배달	
			생활용품	
			의류·미용	
			문화생활	
			교통	
			의료	
			교육	
			기타	

● 신용	
● 체크	
● 현금	
● 합계	

11월

	18 (월)		19 (화)		20 (수)		21 (목)	
🍴 집밥·간식								
👤 외식·배달								
🛒 생활용품								
💧 의류·미용								
🏷 문화생활								
⛽ 교통								
🧰 의료								
📚 교육								
🛒 기타								

● 신용				
● 체크				
● 현금				
● 합계				

'PASSION'에는 'PASS'가 들어 있다. 열정은 합격의 열쇠다.

22 (금)	23 (토)	24 (일)

주간 결산

집밥·간식		
외식·배달		
생활용품		
의류·미용		
문화생활		
교통		
의료		
교육		
기타		
● 신용		
● 체크		
● 현금		
● 합계		

11월

	25 (월)	26 (화)	27 (수)	28 (목)
🍴 집밥·간식				
외식·배달				
생활용품				
의류·미용				
문화생활				
교통				
의료				
교육				
기타				

● 신용				
● 체크				
● 현금				
● 합계				

이주의 한마디 차는 파생 소비의 끝판왕이다.

29 (금)	30 (토)	12/1(일)	주간 결산		
			🍴 집밥·간식		
			🧑 외식·배달		
			🧴 생활용품		
			🧵 의류·미용		
			🏷 문화생활		
			⛽ 교통		
			🧰 의료		
			📖 교육		
			🛒 기타		
			● 신용		
			● 체크		
			● 현금		
			● 합계		

월말 결산

지출		
변동 지출	**고정 지출**	**돌발 지출**
집밥 · 간식	주거	
외식 · 배달	관리비	
생활용품	전기	
의류 · 미용	가스	
문화생활	수도	
교통	통신	
의료	기타	
교육		
기타		
합계	**합계**	**합계**

저축		수입		유형별 지출	
예금		근로/사업소득		신용	
적금		상여		체크	
펀드		기타		현금	
기타					
합계		**합계**		**합계**	

	(외)식	쇼핑	문화	기타	총소득	
월 예산					총지출	
잔액					총잔액	

목표 달성	챌린지	
	지출	
	저축	
	수입	

잘한 점	반성할 점

MEMO

December

12월

'단기간 고수익'이라는 새빨간 거짓말

"세상에 공짜는 없다" 또는 "돈은 거짓말을 하지 않는다"라는 말을 많이 들어봤을 것이다. 자산도 마찬가지다. '단기간 고수익 확보'라는 홍보 문구에 혹하지 말고 늘 위험과 수익의 교환 관계를 기억해야 한다.

게다가 지금은 상황이 더 복잡해졌다. 과거에는 주식이든 부동산이든 가격이 급락할 때 바닥이라고 불리는 나름의 지지선이 존재했다. 또 너무 오른 것은 꼭대기를 찍고 내려왔다. 하지만 요즘은 그렇지 않다.

성장률이 개선되지 않는 한 시장에서 안전자산으로 분류하면 끝없이 오르고, 안전성에 약간이라도 의심이 생기면 끝 모르게 추락하는 일이 반복될 것이다. 시장의 자산 가격이 이제 더는 보조를 맞추지 않는다는 얘기다. 그러니 제발 "많이 떨어졌으니 지금 들어가야 할 때"라는 말, 함부로 하지 마라.

 이달의 챌린지

목표 재설정하기

더 많은 이야기가 궁금하다면?
《김경필의 오늘은 짠테크 내일은 플렉스》　p.254

월간계획

이달의 목표

지출 목표   원 이내   저축 목표   원

이달의 고정 지출

총액

이달의 변동 지출

외식 · 배달	
쇼핑 · 유흥	
문화생활	
기타	총액

이달의 수입

총액

월	화	수	목	금	토	일
25	26	27	28	29	30	1
2	3	4	5	6	7	8
9	10	11	12	13	14	15
16	17	18	19	20	21	22
23	24	25 성탄절	26	27	28	29
30	31	1	2	3	4	5

12월

	25 (월)	26 (화)	27 (수)	28 (목)
⫼ 집밥·간식				
🙍 외식·배달				
🍎 생활용품				
💧 의류·미용				
🏷 문화생활				
⛽ 교통				
💊 의료				
💻 교육				
🛒 기타				
● 신용				
● 체크				
● 현금				
● 합계				

안전자산은 비싸더라도 맛이 보장되는 '맛집'과 같다.

29 (금)	30 (토)	12/1 (일)	주간 결산	
			🍴 집밥·간식	
			🐷 외식·배달	
			🧴 생활용품	
			💧 의류·미용	
			🏷 문화생활	
			⛽ 교통	
			💼 의료	
			📖 교육	
			🛒 기타	
			● 신용	
			● 체크	
			● 현금	
			● 합계	

12월

	2 (월)	3 (화)	4 (수)	5 (목)
집밥·간식				
외식·배달				
생활용품				
의류·미용				
문화생활				
교통				
의료				
교육				
기타				
● 신용				
● 체크				
● 현금				
● 합계				

6 (금)	7 (토)	8 (일)	주간 결산	
			🍴 집밥·간식	
			👤 외식·배달	
			🧴 생활용품	
			🧴 의류·미용	
			🏷️ 문화생활	
			⛽ 교통	
			💼 의료	
			📖 교육	
			🛒 기타	
			● 신용	
			● 체크	
			● 현금	
			● 합계	

12월

	9 (월)		10 (화)		11 (수)		12 (목)	
ⅲ 집밥·간식								
외식·배달								
생활용품								
의류·미용								
문화생활								
교통								
의료								
교육								
기타								

● 신용				
● 체크				
● 현금				
● 합계				

소비 문제 중 대부분은 필요 없는 물건을 사는 데서 발생한다.

13 (금)	14 (토)	15 (일)	주간 결산	
			🍴 집밥·간식	
			👤 외식·배달	
			🧴 생활용품	
			💧 의류·미용	
			🏷 문화생활	
			⛽ 교통	
			💊 의료	
			📖 교육	
			🛒 기타	
			● 신용	
			● 체크	
			● 현금	
			● 합계	

12월

	16 (월)		17 (화)		18 (수)		19 (목)	
∭ 집밥·간식								
🍴 외식·배달								
🎁 생활용품								
🧴 의류·미용								
🏷 문화생활								
⛽ 교통								
💊 의료								
📚 교육								
🛒 기타								

● 신용			
● 체크			
● 현금			
● 합계			

20 (금)	21 (토)	22 (일)	주간 결산	
			집밥·간식	
			외식·배달	
			생활용품	
			의류·미용	
			문화생활	
			교통	
			의료	
			교육	
			기타	
			● 신용	
			● 체크	
			● 현금	
			● 합계	

12월

	23 (월)	24 (화)	25 (수)	26 (목)
집밥·간식				
외식·배달				
생활용품				
의류·미용				
문화생활				
교통				
의료				
교육				
기타				
● 신용				
● 체크				
● 현금				
● 합계				

이주의 한마디   "수익률 100% 이상" 이런 성과를 왜 나한테 나누어준다고 할까?

27 (금)	28 (토)	29 (일)	주간 결산		
			🍴 집밥·간식		
			🐷 외식·배달		
			🧴 생활용품		
			🧴 의류·미용		
			🏷️ 문화생활		
			⛽ 교통		
			💼 의료		
			💳 교육		
			🛒 기타		
			● 신용		
			● 체크		
			● 현금		
			● 합계		

12월

	30 (월)	31 (화)	1/1 (수)	2 (목)
집밥·간식				
외식·배달				
생활용품				
의류·미용				
문화생활				
교통				
의료				
교육				
기타				
● 신용				
● 체크				
● 현금				
● 합계				

이주의 한마디 어떤 위기든 언젠가는 지나갈 것이다.

3 (금)		4 (토)		5 (일)	

주간 결산		
집밥 · 간식		
외식 · 배달		
생활용품		
의류 · 미용		
문화생활		
교통		
의료		
교육		
기타		
● 신용		
● 체크		
● 현금		
● 합계		

월말 결산

지출		
변동 지출	**고정 지출**	**돌발 지출**
집밥 · 간식	주거	
외식 · 배달	관리비	
생활용품	전기	
의류 · 미용	가스	
문화생활	수도	
교통	통신	
의료	기타	
교육		
기타		
합계	**합계**	**합계**

저축		수입		유형별 지출	
예금		근로/사업소득		신용	
적금		상여		체크	
펀드		기타		현금	
기타					
합계		**합계**		**합계**	

	(외)식	쇼핑	문화	기타	총소득	
월 예산					총지출	
잔액					총잔액	

목표 달성	챌린지	
	지출	
	저축	
	수입	

잘한 점	반성할 점

MEMO

2024 연간결산

		1월	2월	3월	4월	5월	6월
	수입						
	지출						
	저축						

		1월	2월	3월	4월	5월	6월
변동지출	집밥·간식						
	외식·배달						
	생활용품						
	의류·미용						
	문화생활						
	교통						
	의료						
	교육						
	기타						
고정지출	주거						
	관리비						
	전기						
	가스						
	수도						
	통신						
	기타						
돌발지출							
저축	예금						
	적금						
	펀드						
	기타						
보험	실비						
	질병						
	자동차						
	기타						
수입	근로/사업소득						
	상여						
	기타						
	신용						
	체크						
	현금						

7월	8월	9월	10월	11월	12월	합계

2024년을 되돌아보자.

한 해 동인 니의 소비 스타일은 어떻게 변했을까?

2024년 가장 컸던 소비

- ◆
- ◆
- ◆
- ◆
- ◆
- ◆

2024년 가장 잦았던 소비

- ◆
- ◆
- ◆
- ◆
- ◆
- ◆

헉! 테러블! 2024년 가장 후회했던 소비

- ◆
- ◆
- ◆
- ◆
- ◆
- ◆

원더풀! 2024년 가장 잘했던 소비

- ◆
- ◆
- ◆
- ◆
- ◆
- ◆

나의 목표 달성률은?

목표	달성률	비고

Personal Data

Name •

Mobile •

E-mail •

Address •